电工电子名家畅销书系

图解变频空调器维修快速入门与提高

李志锋　主编

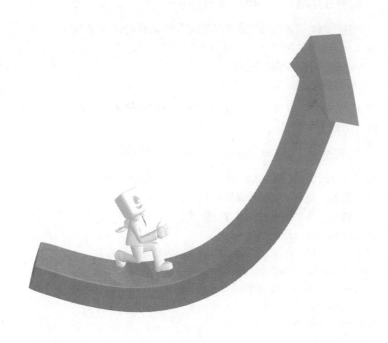

机械工业出版社

本书由一线空调器维修人员编写，书中很多内容都是作者实际维修经验的总结。本书采用电路原理图和实物照片相结合，并在图片上增加标注的方法来介绍变频空调器维修所必须掌握的基本知识和操作技能，主要内容包括变频空调器工作原理和硬件特点，智能功率模块和专用元器件识别和检测，室内机和室外机电控系统维修（单元电路的组成与作用、工作原理、检测与维修），以及常见故障（开关电源、单元电路、通信电路、强电电路、模块和压缩机故障）维修实例等。

　　本书适合初学、自学空调器维修人员阅读，也适合空调器维修售后服务人员、技能提高人员阅读，还可以作为中等职业院校空调器相关专业学生的参考书。

图书在版编目（CIP）数据

图解变频空调器维修快速入门与提高/李志锋主编. —2 版. —北京：机械工业出版社，2016.5

（电工电子名家畅销书系）

ISBN 978-7-111-53594-2

Ⅰ.①图… Ⅱ.①李… Ⅲ.①变频空调器－维修－图解

Ⅳ.①TM925.107-64

中国版本图书馆 CIP 数据核字（2016）第 081366 号

机械工业出版社（北京市百万庄大街 22 号　邮政编码 100037）
策划编辑：刘星宁　责任编辑：刘星宁
责任校对：肖　琳　封面设计：路恩中
责任印制：常天培
北京机工印刷厂印刷（三河市南杨庄国丰装订厂装订）
2016 年 6 月第 2 版第 1 次印刷
184mm×260mm·15.25 印张·373 千字
0 001—3 000 册
标准书号：ISBN 978-7-111-53594-2
定价：45.00 元

出版说明

　　我国经济与科技的飞速发展，国家战略性新兴产业的稳步推进，对我国科技的创新发展和人才素质提出了更高的要求。同时，我国目前正处在工业转型升级的重要战略机遇期，推进我国工业转型升级，促进工业化与信息化的深度融合，是我们应对国际金融危机、确保工业经济平稳较快发展的重要组成部分，而这同样对我们的人才素质与数量提出了更高的要求。

　　目前，人们日常生产生活的电气化、自动化、信息化程度越来越高，电工电子技术正广泛而深入地渗透到经济社会的各个行业，促进了众多的人口就业。但不可否认的客观现实是，很多初入行业的电工电子技术人员，基础知识相对薄弱，实践经验不够丰富，操作技能有待提高。党的十八大报告中明确提出"加强职业技能培训，提升劳动者就业创业能力，增强就业稳定性"。人力资源和社会保障部近期的统计监测却表明，目前我国很多地方的技术工人都处于严重短缺的状态，其中仅制造业高级技工的人才缺口就高达 400 多万人。

　　秉承机械工业出版社"服务国家经济社会和科技全面进步"的出版宗旨，60多年来我们在电工电子技术领域积累了大量的优秀作者资源，出版了大量的优秀畅销图书，受到广大读者的一致认可与欢迎。本着"提技能、促就业、惠民生"的出版理念，经过与领域内知名的优秀作者充分研讨，我们打造了"电工电子名家畅销书系"，涉及内容包括电工电子基础知识、电工技能入门与提高、电子技术入门与提高、自动化技术入门与提高、常用仪器仪表的使用以及家电维修实用技能等。

　　整合了强大的策划团队与作者团队资源，本丛书特色鲜明：①涵盖了电工、电子、家电、自动化入门等细分方向，适合多行业多领域的电工电子技术人员学习；②作者精挑细选，所有作者都是行业名家，编写的都是其最擅长的领域方向图书；③内容注重实用，讲解清晰透彻，表现形式丰富新颖；④以就业为导向，以技能为目标，很多内容都是作者多年亲身实践的看家本领；⑤由资深策划团队精心打磨并集中出版，通过多种方式宣传推广，便于读者及时了解图书信息，方便读者选购。

　　本丛书的出版得益于业内最顶尖的优秀作者的大力支持，大家经常为了图书的内容、表达等反复深入地沟通，并系统地查阅了大量的最新资料和标准，更新制作了大量的操作现场实景素材，在此也对各位电工电子名家的辛勤的劳动付出和卓有成效的工作表示感谢。同时，我们衷心希望本丛书的出版，能为广大电工电子技术领域的读者学习知识、开阔视野、提高技能、促进就业，提供切实有益的帮助。

　　作为电工电子图书出版领域的领跑者，我们深知对社会、对读者的重大责任，所以我们一直在努力。同时，我们衷心欢迎广大读者提出您的宝贵意见和建议，及时与我们联系沟通，以便为大家提供更多高品质的好书。

机械工业出版社

前　言

近年来，随着全球气候逐渐变暖和人民生活水平的提高，空调器已成为人们生产和生活的必备电器。特别是变频空调器由于具有明显的节能性和舒适性而逐渐成为市场上的主流产品，大量的新型产品不断涌现。随之而来的是售后维修服务的需求不断增加，而变频空调器的维修方法相较于普通定频空调器有许多不同之处，并且市面上关于变频空调器的维修资料较少，广大空调器维修人员急需来自一线的变频空调器维修资料，以便解决实际工作中遇到的问题。而本书就详细讲解了变频空调器维修所需要掌握的基本知识和检修方法。只要掌握了这些知识和方法，就可以快速准确地判断故障原因并排除故障。

本书由一线空调器维修人员编写，书中很多内容都是作者实际维修经验的总结。本书采用电路原理图和实物照片相结合，并在图片上增加标注的方法来介绍变频空调器维修所必须掌握的基本知识和操作技能，主要内容包括变频空调器工作原理和硬件特点，智能功率模块和专用元器件识别和检测，室内机和室外机电控系统维修（单元电路的组成与作用、工作原理、检测与维修），以及常见故障（开关电源、单元电路、通信电路、强电电路、模块和压缩机故障）维修实例等。

需要注意的是，为了与电路板上实际元器件文字符号保持一致，书中部分元器件文字符号未按国家标准修改。本书测量电子元器件时，如未特别说明，均使用数字万用表测量。

本书由李志锋主编，参与本书编写并为本书编写提供帮助的人员有李殿魁、李献勇、周涛、李嘉妍、李明相、李佳怡、班艳、王丽、殷大将、刘提、刘均、金闯、李佳静、金华勇、金坡、李文超、金科技、高立平、辛朝会、王松、陈文成、王志奎等。值此成书之际，对他们所做的辛勤工作表示衷心的感谢。

由于编者能力水平所限加之编写时间仓促，书中错漏之处难免，希望广大读者提出宝贵意见。

编　者

目　录

第一章

变频空调器基础知识

—— ·第一节 工作原理与分类· ——

本节介绍变频空调器的节电原理、工作原理、分类及交流变频空调器与直流变频空调器的相同之处和不同之处。

由于直流变频空调器与交流变频空调器的工作原理、单元电路、硬件实物基本相似，且出现故障时维修方法也基本相同，因此本书重点介绍最普通但具有代表机型、社会保有量较大、大部分已进入维修期的交流变频空调器。

一、节电原理和工作原理

1. 节电原理

最普通的交流变频空调器与典型的定频空调器相比，只是压缩机的运行方式不同，定频空调器压缩机供电由市电直接提供，电压为交流220V，频率为50Hz，理论转速为3000r/min，运行时由于阻力等原因，实际转速约为2800r/min，因此制冷量也是固定不变的。

变频空调器压缩机的供电由模块提供，模块输出的模拟三相交流电，频率可以在15 ~ 120Hz之间变化，电压可以在30 ~ 220V之间变化，因而压缩机的转速范围为1500 ~ 9000r/min。

压缩机转速升高时，制冷量随之加大，制冷效果加快，制冷模式下房间温度迅速下降，相对应此时空调器耗电量也随之上升；当房间内温度下降到设定温度附近时，电控系统控制压缩机转速降低，制冷量下降，维持房间温度，此时相对应的耗电量也随之下降，从而达到节电的目的。

2. 工作原理

图1-1为变频空调器工作原理图，图1-2为实物图。

室内机主板CPU接收遥控器发送的设定模式与设定温度，与室内环温传感器温度相比较，如达到开机条件，控制室内机主板主控继电器触点吸合，向室外机供电；室内机主板CPU同时根据蒸发器温度信号，结合内置的运行程序计算出压缩机的目标运行频率，通过通信电路传送至室外机主板CPU，室外机主板CPU再根据室外环温传感器、室外管温传感器、压缩机排气温度传感器、市电电压等信号，综合室内机主板CPU传送的信息，得出压缩机的实际运行频率，输出6路信号（控制信号）至智能功率模块（IPM）。

模块是将直流300V电转换为频率与电压均可调的三相变频装置，内含6个大功率绝缘

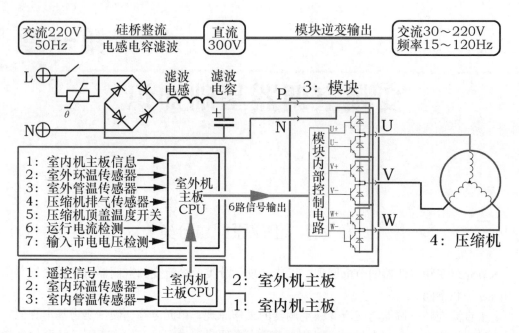

图1-1 变频空调器工作原理图

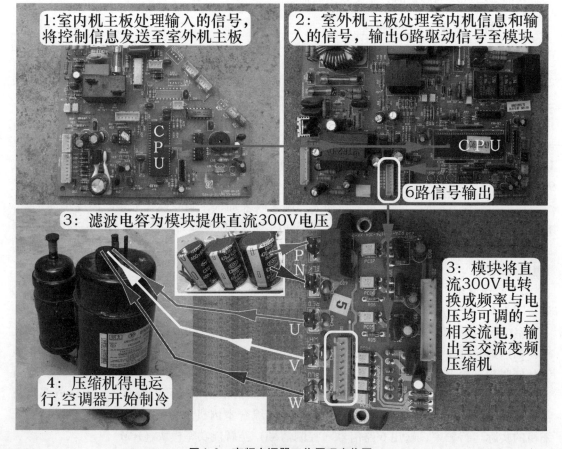

图1-2 变频空调器工作原理实物图

栅双极型晶体管（IGBT），构成三相上下桥式驱动电路，室外机主板 CPU 输出的 6 路信号使每只 IGBT 开关管导通 180°，且同一桥臂的两只 IGBT 开关管一只导通时，另一只必须关断，否则会造成直流 300V 直接短路。且相邻两相的 IGBT 开关管导通相位差在 120°，在任意 360°内都有三只 IGBT 开关管导通以接通三相负载。在 IGBT 开关管导通与截止的过程中，输出的模拟三相交流电中带有可以变化的频率，且在一个周期内，如 IGBT 开关管导通时间长而截止时间短，则输出的三相交流电的电压相对应就会升高，从而达到频率与电压均可调的目的。

　　模块输出的模拟三相交流电，加在压缩机的三相感应电机上，压缩机运行，系统工作在制冷或制热模式。如果室内温度与设定温度的差值较大，室内机主板 CPU 处理后送至室外机主板 CPU，输出 6 路信号使模块内部的 IGBT 开关管导通时间长而截止时间短，从而输出频率与电压均相对较高的模拟三相交流电加至压缩机，压缩机转速加快，单位制冷量也随之加大，达到快速制冷的目的；反之，当房间温度与设定温度的差值变小时，室外机主板 CPU 输出的 6 路信号使模块输出较低的频率与电压，压缩机转速变慢，降低制冷量。

二、变频空调器分类和不同之处

1. 变频空调器分类

变频空调器根据压缩机工作原理和室内外风机的供电状况可分为 3 种类型，即**交流变频空调器、直流变频空调器、全直流变频空调器**。

（1）交流变频空调器

交流变频空调器见图 1-3，是最早的变频空调器，也是市场上目前拥有量较大的类型，现在通常已经进入维修期，也是本书重点介绍的机型。

室内风机和室外风机与普通定频空调器上相同，均为交流异步电机，由市电交流 220V 直接起动运行。只是压缩机转速可以变化，其供电为模块提供的模拟三相交流电。

制冷剂通常使用与普通定频空调器相同的 R22，一般使用常见的毛细管作为节流元件。

图 1-3　交流变频空调器

（2）直流变频空调器

直流变频空调器是在交流变频空调器基础上发展而来的，见图 1-4，与之不同的是，压缩机采用无刷直流电机，整机的控制原理与交流变频空调器基本相同，只是在室外机电路板上增加了位置检测电路。

室内风机和室外风机与普通定频空调器相同，均为交流异步电机，由市电交流 220V 直接起动运行。

早期机型制冷剂使用 R22，目前生产的机型多使用新型环保制冷剂 R410A，节流元件同样使用常见且价格低廉但性能稳定的毛细管。

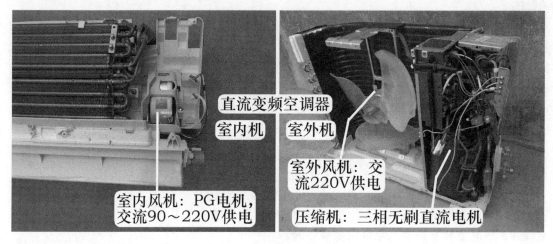

图 1-4　直流变频空调器

（3）全直流变频空调器

全直流变频空调器属于目前的高档空调器，见图 1-5，是在直流变频空调器基础上发展而来，与之相比最主要的区别是，室内风机和室外风机的供电为直流 300V 电压，而不是交流 220V。

制冷剂通常使用新型环保制冷剂 R410A，节流元件也大多使用毛细管，只有少数品牌的机型使用电子膨胀阀，或电子膨胀阀与毛细管相结合的方式。

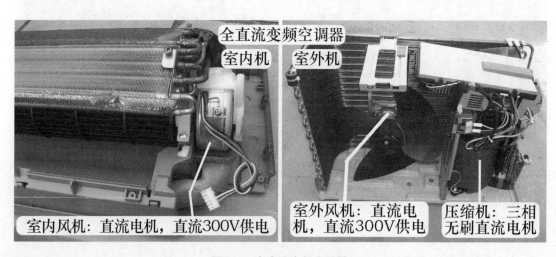

图 1-5　全直流变频空调器

2. 交流变频与直流变频空调器相同之处

① 制冷系统：定频空调器、交流变频空调器、直流变频空调器的工作原理与实物基本相同，区别是压缩机工作原理与内部结构不同。

② 电控系统：交流变频空调器与直流变频空调器的控制原理、单元电路、硬件实物基本相同，区别是室外机主控 CPU 对模块的控制原理不同〔即脉冲宽度调制（PWM）或脉冲幅度调制（PAM）方式〕，但控制程序内置在室外机 CPU 或存储器之中，实物看不到。

3. 交流变频与直流变频空调器不同之处

① 压缩机：交流变频空调器使用三相感应电机，直流变频空调器使用无刷直流电机，两者的内部结构不同。

② 模块输出电压：交流变频空调器的模块输出频率与电压均可调的模拟三相交流电，频率与电压越高，转速就越快。直流变频空调器的模块输出断续、极性不断改变的直流电，在任何时候，只有两相绕组有电流通过（余下绕组的感应电压当作位置检测信号），电压越高，转速就越快。

③ 位置检测电路：直流变频空调器设有位置检测电路，交流变频空调器则没有。

三、常见室外机电控系统特点

变频空调器电控系统由室内机和室外机组成，由于室内机电控系统基本相同，因此不再进行说明，本节只对几种常见形式的室外机电控系统的特点进行简单说明。

1. 海信 KFR-4001GW/BP 室外机电控系统

电控系统见图 1-6，由室外机主板和模块两块电路板组成。

室外机主板处理各种输入信号，对负载进行控制，并集成开关电源电路，向模块输出 6 路信号和直流 15V 电压，模块处理后输出频率与电压均可调的三相交流电，驱动压缩机运行。

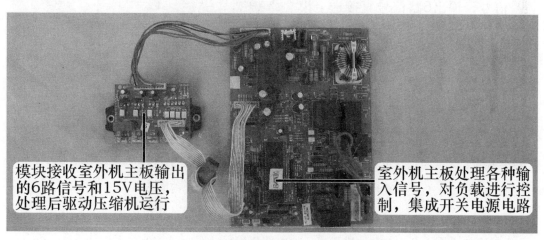

模块接收室外机主板输出的6路信号和15V电压，处理后驱动压缩机运行

室外机主板处理各种输入信号，对负载进行控制，集成开关电源电路

图 1-6　海信 KFR-4001GW/BP 室外机电控系统

2. 海信 KFR-2601GW/BP 室外机电控系统

电控系统见图 1-7，由室外机主板和模块板两块电路板组成。

海信 KFR-2601GW/BP 室外机电控系统的特点与海信 KFR-4001GW/BP 基本相同；不同之处在于开关电源电路设在模块上，由模块输出直流 12V 电压，为室外机主板供电。

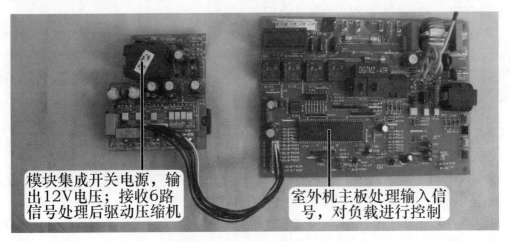

模块集成开关电源，输出12V电压；接收6路信号处理后驱动压缩机

室外机主板处理输入信号，对负载进行控制

图 1-7　海信 KFR-2601GW/BP 室外机电控系统

3. 海信 KFR-26GW/11BP 室外机电控系统

电控系统见图 1-8，由模块和室外机主板两块电路板组成。

海信 KFR-26GW/11BP 室外机电控系统与前两类电控系统相比最大的区别在于，CPU 和弱信号处理电路集成在模块上，是室外机电控系统的控制中心。

室外机主板的开关电源电路为模块提供直流 5V 和 15V 电压，并传递通信信号和驱动继电器，作用和定频空调器使用两块电路板中的强电板相同。

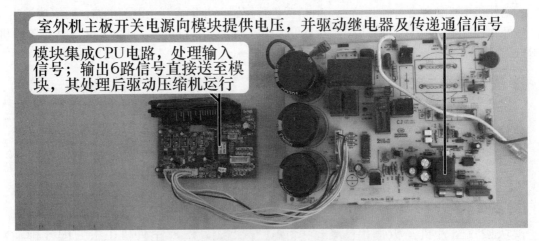

室外机主板开关电源向模块提供电压，并驱动继电器及传递通信信号

模块集成CPU电路，处理输入信号；输出6路信号直接送至模块，其处理后驱动压缩机运行

图 1-8　海信 KFR-26GW/11BP 室外机电控系统

4. 美的 KFR-35GW/BP2DN1Y-H（3）室外机电控系统

电控系统见图 1-9，由室外机主板一块电路板组成。

模块、硅桥、CPU 和弱信号处理电路、通信电路等所有电路均集成在一块电路板上，从而提高了可靠性和稳定性，出现故障时维修起来也较简单，只需更换一块电路板，基本上就可以排除室外机电控系统的故障。

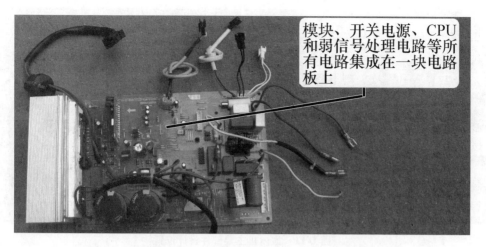

图 1-9　美的 KFR-35GW/BP2DN1Y-H（3）室外机电控系统

·第二节　变频空调器与定频空调器硬件区别·

本节选用海信空调器两款机型，比较两类空调器硬件之间的相同点与不同点，使读者对变频空调器有初步的了解。定频空调器选用典型的机型 KFR-25GW；变频空调器选用 KFR-26GW/11BP，是一款较普通的交流变频空调器。

一、室内机

1. 实物

见图 1-10，两类空调器的进风格栅、进风口、出风口、导风板、显示板组件的设计形状和作用基本相同，部分部件甚至可以通用。

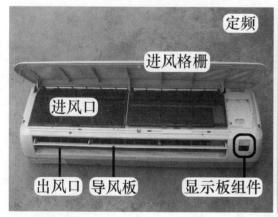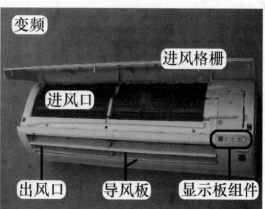

图 1-10　室内机

2. 主要部件设计位置

两类空调器的主要部件设计位置基本相同，见图 1-11，包括蒸发器、电控盒、接水盘、步进电机、导风板、贯流风扇和室内风机（图中未标出）等。

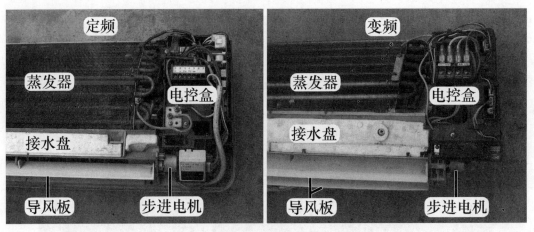

图1-11　室内机主要部件设计位置

3. 制冷系统

见图1-12，两类空调器中设计相同，只有蒸发器。

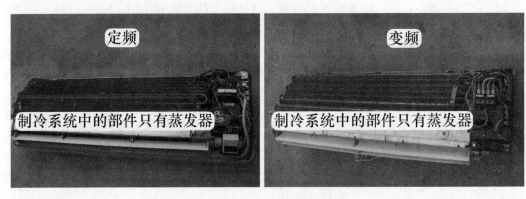

图1-12　室内机制冷系统部件

4. 通风系统

两类空调器的通风系统使用相同形式的贯流风扇，见图1-13，均由带有霍尔反馈功能的 PG 电机驱动，贯流风扇和 PG 电机在两类空调器中可以相互通用。

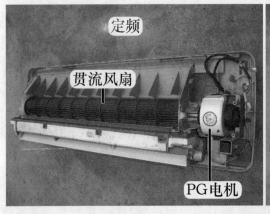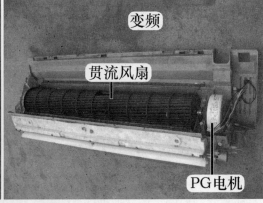

图1-13　室内机通风系统

5. 辅助系统

接水盘和导风板在两类空调器中的设计位置与作用相同。

6. 电控系统

两类空调器的室内机主板在控制原理方面的最大区别在于：定频空调器的室内机主板是整个电控系统的控制中心，对空调器整机进行控制，室外机不再设置电路板；变频空调器的室内机主板只是电控系统的一部分，工作时处理输入的信号，处理后传送至室外机主板，才能对空调器整机进行控制，也就是说室内机主板和室外机主板一起才能构成一套完整的电控系统。

（1）室内机主板

由于两类空调器的室内机主板单元电路相似，故在硬件方面有许多相同的地方。不同之处在于（见图1-14）：定频空调器的室内机主板使用3个继电器为压缩机、室外风机、四通阀线圈供电；变频空调器的室内机主板只使用1个继电器为室外机供电，并增加通信电路与室外机主板传递信息。

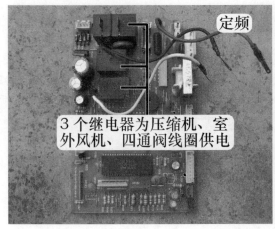
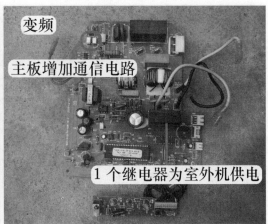

图 1-14　室内机主板

（2）接线端子

从两类空调器接线端子上也能看出控制原理的区别，见图1-15，定频空调器的室内外机接线端子上共有5根引线，分别是地线、公用零线、压缩机引线、室外风机引线和四通阀线圈引线；而变频空调器只有4根引线，分别是相线、零线、地线和通信线。

二、室外机

1. 实物

见图1-16，从外观上看，两类空调器出风口、管道接口、接线端子等部件的位置与形状基本相同，没有明显的区别。

2. 主要部件设计位置

见图1-17，室外机的主要部件有冷凝器、室外风扇（轴流风扇）、室外风机（轴流电机）、压缩机、毛细管和四通阀（图中未标出）等，电控盒的设计位置也基本相同。

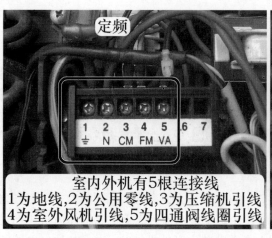
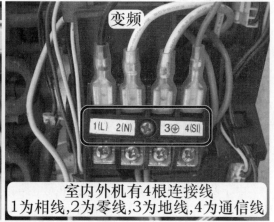

室内外机有5根连接线
1为地线,2为公用零线,3为压缩机引线
4为室外风机引线,5为四通阀线圈引线

室内外机有4根连接线
1为相线,2为零线,3为地线,4为通信线

图 1-15　室内机接线端子

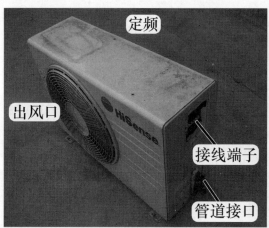
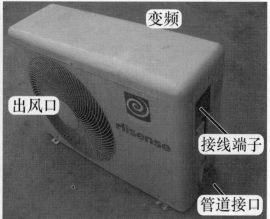

图 1-16　室外机

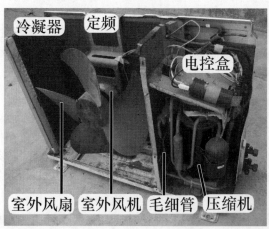
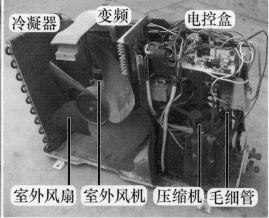

图 1-17　室外机主要部件设计位置

3. 制冷系统

在制冷系统方面，两类空调器中的冷凝器、毛细管、四通阀、单向阀与辅助毛细管等部件设计的位置与工作原理基本相同，有些部件可以通用。

两类空调器在制冷系统方面最大的区别在于压缩机，见图1-18，其设计位置和作用相同，但工作原理（或称为方式）不同：定频空调器供电为输入的市电交流220V，由室内机主板提供，转速、制冷量、耗电量均为额定值；而变频空调器压缩机的供电由模块提供，运行时转速、制冷量、耗电量均可连续变化。

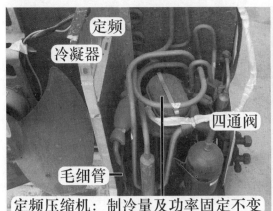
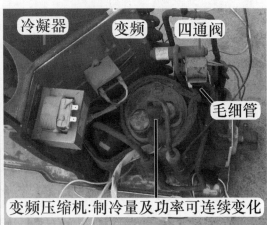

图1-18　室外机制冷系统主要部件

4. 通风系统

两类空调器的室外机通风系统部件为室外风扇和室外风机，工作原理和外观基本相同，室外风机均使用交流220V供电；不同的地方是，定频空调器由室内机主板供电，变频空调器由室外机主板供电，见图1-19。

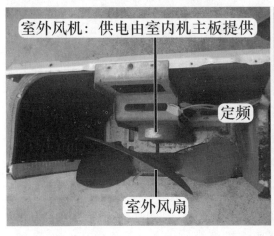
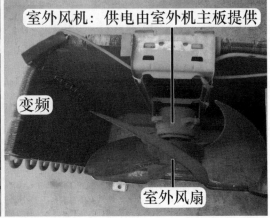

图1-19　室外机通风系统

5. 制冷/制热状态转换

两类空调器的制冷/制热状态转换部件均为四通阀，工作原理与设计位置相同，四通阀在两类空调器中也可以通用，四通阀线圈供电均为交流220V；不同的地方是，定频空调器中由室内机主板供电，变频空调器中由室外机主板供电，见图1-20。

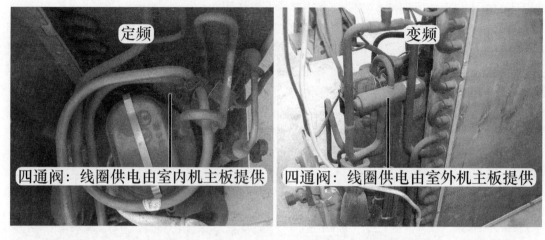

图 1-20 室外机四通阀

6. 电控系统

两类空调器硬件方面最大的区别是室外机电控系统，区别如下。

（1）室外机主板和模块

见图1-21，定频空调器室外机未设置电控系统，只有压缩机电容和室外风机电容；而变频空调器则设计有复杂的电控系统，主要部件是室外机主板和模块等。

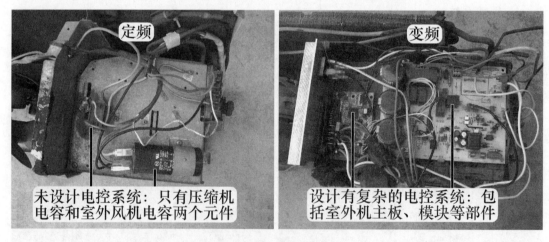

图 1-21 室外机电控系统

（2）压缩机起动方式

见图1-22，定频空调器的压缩机由电容直接起动运行，工作电压为交流220V、频率为50Hz、转速约为2800r/min。交流变频空调器压缩机由模块供电，工作电压为交流30～220V、频率为15～120Hz、转速为1500～9000r/min。

（3）电磁干扰保护

变频空调器由于模块等部件工作在开关状态，电路中的电流谐波成分增加，功率因数降

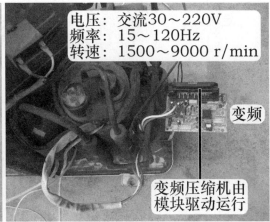

图1-22　室外机压缩机工作状态

低，见图1-23，在电路中增加了交流滤波电感等元件，定频空调器则不需要设计此类元件。

图1-23　室外机电磁干扰保护

（4）温度检测

变频空调器为了对压缩机的运行进行最好的控制，见图1-24，设计了室外环温传感器、室外管温传感器、压缩机排气温度传感器；定频空调器一般没有设计此类器件（只有部分机型设置有室外管温传感器）。

三、总结

1. 通风系统

室内机均使用贯流式通风系统，室外机均使用轴流式通风系统，两类空调器相同。

2. 制冷系统

均由压缩机、冷凝器、毛细管和蒸发器四大部件组成。区别是压缩机工作原理不同。

3. 主要部件设计位置

两类空调器基本相同。

定频

无

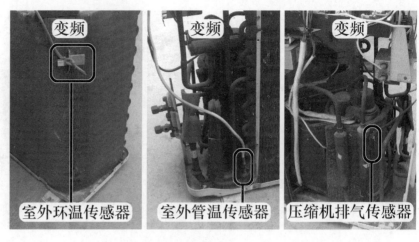

图 1-24　室外机温度检测器件

4. 电控系统

两类空调器电控系统工作原理不同，硬件方面室内机有相同之处，最主要的区别是室外机电控系统。

5. 压缩机

这是定频空调器与变频空调器最根本的区别，变频空调器的室外机电控系统就是为控制变频压缩机而设计。也可以简单地理解为，将定频空调器的压缩机换成变频压缩机，并配备与之配套的电控系统（方法是增加室外机电控系统，更换室内机主板部分元器件），那么这台定频空调器就可以改称为变频空调器。

第二章

变频空调器专用器件

· 第一节 智能功率模块 ·

智能功率模块（IPM）是变频空调器电控系统中最重要的器件之一，也是故障率较高的一个器件，属于电控系统专用器件之一，由于知识点较多，因此单设一节进行详细说明。

一、作用和组成

1. 作用

IPM 可以简单地看成电压转换器。室外机主板 CPU 输出 6 路信号，经 IPM 内部驱动电路放大后控制 IGBT（开关管）的导通与截止，将直流 300V 电压转换成与频率成正比的模拟三相交流电（交流 30～220V、频率 15～120Hz），驱动压缩机运行。

三相交流电压越高，压缩机转速及输出功率（即制冷效果）也越高；反之，三相交流电压越低，压缩机转速及输出功率（即制冷效果）也就越低。三相交流电压的高低由室外机 CPU 输出的 6 路信号决定。

2. IPM 实物外观

严格意义的 IPM 见图 2-1 和图 2-2。IPM 是一种智能的模块，将 IGBT 连同驱动电路和多种保护电路封装在同一模块内，从而简化了设计，提高了稳定性。IPM 只有固定在外围电路的控制基板上，才能组成模块板组件。

图 2-1　仙童 FSBB15CH60 智能功率模块

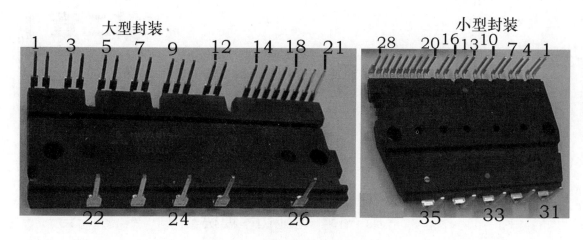

图2-2 三菱第三代智能功率模块

3. 模块板组件

在实际应用中，IPM 通常与控制基板组合在一起。IPM 只有固定在外围电路的控制基板上，才能组成模块板组件。**本书所称的"模块"，见图2-3，就是由 IPM 和控制基板组合的模块板组件。**

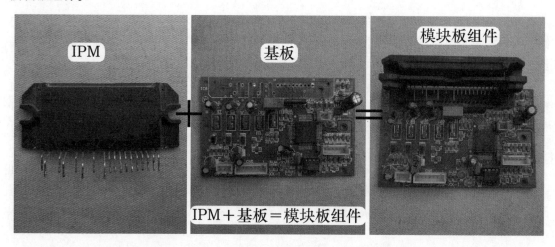

图2-3 模块板组件

二、输入与输出电路

图2-4 为模块输入与输出电路原理图，图2-5 为实物图。

1. 输入部分

① P、N：由滤波电容提供直流 300V 电压，为模块内部开关管供电，其中 P 端外接滤波电容正极，内接上桥 3 个 IGBT 开关管的集电极；N 端外接滤波电容负极，内接下桥 3 个 IGBT 开关管的发射极。

② 15V：由开关电源电路提供，为模块内部控制电路供电。

③ 6 路驱动信号：由室外机 CPU 提供，经模块内部控制电路放大后，按顺序驱动 6 个

IGBT 的导通与截止。

2. 输出部分

① U、V、W：上桥与下桥的中点，输出与频率成正比的模拟三相交流电，驱动压缩机运行。

② FO（保护信号）：当模块内部控制电路检测到过热、过电流、短路、15V 电压低 4 种故障时，输出保护信号至室外机 CPU。

> 💡 **说明：**直流 300V 供电回路中，在实物图上未显示 PTC 电阻、室外机主控继电器和滤波电感等元器件。

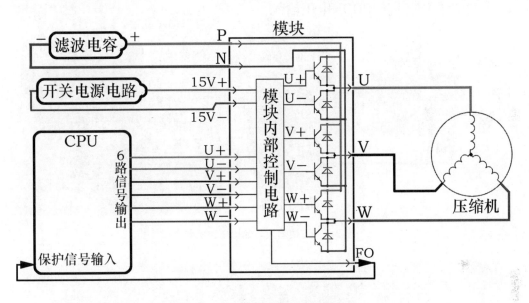

图 2-4　模块输入与输出电路原理图

三、常见模块形式和分类

国产变频空调器从问世到现在大约有 10 年的时间，在此期间出现了许多新改进的机型。模块作为重要部件，也从最初只有模块的功能，到集成 CPU 控制电路，再到目前常见的模块控制电路一体化，经历了很多技术上的改变。

1. 只具有功率模块功能的模块

代表机型有海信 KFR-4001GW/BP、海信 KFR-3501GW/BP 等，见图 2-6，此类模块多见于早期的交流变频空调器。

使用光耦合器（俗称光耦）传递 6 路驱动信号，直流 15V 电压由室外机主板提供（分为单路 15V 供电和 4 路 15V 供电两种）。

模块的常见型号为三菱 PM20CTM060，可以称其为第二代模块，其最大负载电流为 20A，最高工作电压为 600V，设有铝制散热片，目前已经停止生产。

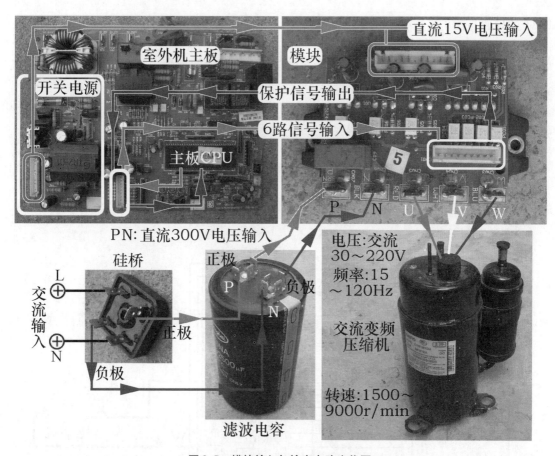

图 2-5　模块输入与输出电路实物图

图 2-6　只具有功率模块功能的模块

2. 带开关电源电路的模块

代表机型有海信 KFR-2601GW/BP、美的 KFR-26GW/BPY-R 等，见图 2-7，此类模块多见于早期的交流变频空调器，在只具有功率模块功能的模块基础上改进而来。

该类模块的模块板增加了开关电源电路，二次绕组输出 4 路直流 15V 和 1 路直流 12V

两种电压：直流 15V 电压直接供给模块内部控制电路；直流 12V 电压输出至室外机主板 7805 稳压块，为室外机主板供电，室外机主板则不再设计开关电源电路。

模块的常见型号同样为三菱 PM20CTM060，由于此类模块已停止生产，而市场上还存在大量使用此类模块的变频空调器，为供应配件，目前有改进的模块作为配件出现，如使用东芝或三洋的模块，东芝模块型号为 IPMPIG20J503L。

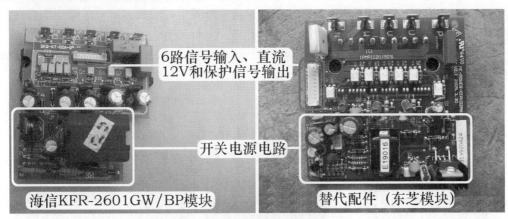

图 2-7　带开关电源电路的模块

3. 集成 CPU 控制电路的模块

代表机型有海信 KFR-26GW/11BP 等，见图 2-8，此类模块多见于目前生产的交流变频空调器或直流变频空调器。

该类模块的模块板集成 CPU 控制电路，室外机电控系统的弱信号控制电路均在模块板上处理和运行。室外机主板只是提供模块板所必需的直流 15V（模块内部控制电路供电）、5V（室外机 CPU 和弱信号电路供电）电压，以及传递通信信号、驱动继电器等功能。

该类模块的生产厂家有三菱、三洋和飞兆等，可以称其为第三代模块，与使用三菱 PM20CTM060 系列的模块相比，有着本质区别：一是 6 路信号为直接驱动，中间不再需要光耦合器，这也为集成 CPU 提供了必要的条件；二是成本较低，通常为非铝制散热片；三是模块内部控制电路使用单电源直流 15V 供电；四是内部可以集成电流检测电阻元件，与外围元器件电路即可组成电流检测电路。

图 2-8　集成 CPU 控制电路的模块

4. 控制电路和模块一体化的模块

代表机型有美的 KFR-35GW/BP2DN1Y-H（3）、三菱重工 KFR-35GW/AIBP 等，见图 2-9，此类模块多见于目前生产的交流变频空调器、直流变频空调器和全直流变频空调器，也是目前比较常见的一种类型，在集成 CPU 控制电路模块的基础上改进而来。

模块、室外机 CPU 控制电路、弱信号处理电路、开关电源电路、滤波电容、硅桥、通信电路、PFC 电路和继电器驱动电路等，也就是说室外机电控系统的所有电路均集成在一块电路板上，只需配上传感器、滤波电感等少量外围元器件即可以组成室外机电控系统。

该模块的生产厂家有三菱、三洋和飞兆等，可以称其为第四代模块，是目前最常见的控制类型，由于所有电路均集成在一块电路板上，因此在出现故障后维修时也最简单。

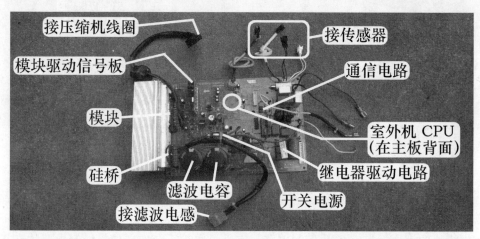

图 2-9　控制电路和模块一体化的模块

四、交流与直流变频空调器模块区别

在实际应用中，同一个型号的模块既能驱动交流变频空调器的压缩机，也能驱动直流变频空调器的压缩机，所不同的是由模块组成的控制电路板不同。驱动交流变频压缩机的模块通过改动程序（即修改 CPU 或存储器的内部数据），即可驱动直流变频压缩机。模块硬件方面有以下几种区别。

1. 模块增加位置检测电路

如仙童 FSBB15CH60 模块，在海信 KFR-28GW/39MBP 交流变频空调器中，见图 2-10，驱动交流变频压缩机；而在海信 KFR-33GW/25MZBP 直流变频空调器中，见图 2-11，基板上增加位置检测电路，驱动直流变频压缩机。

2. 模块双 CPU 控制电路

如三洋 STK621-031（041）模块，在海信 KFR-26GW/18BP 交流变频空调器中，见图 2-12，驱动交流变频压缩机；而在海信 KFR-32GW/27ZBP 中，见图 2-13，模块使用双CPU 设计，其中一个 CPU 的作用是与室内机通信，采集温度信号，并驱动继电器等，另外一个 CPU 专门控制模块，驱动直流变频压缩机。

3. 双主板双 CPU 设计电路

目前常用的一种设计形式是设有室外机主板和模块，见图 2-14 和图 2-15，每块电路板

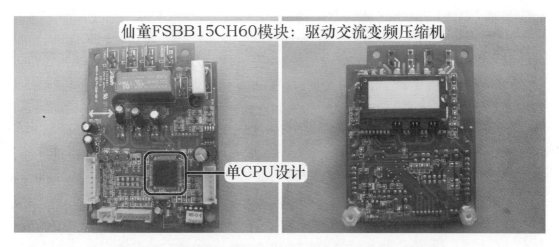

图2-10 应用于海信 KFR-28GW/39MBP 中模块的正面和背面

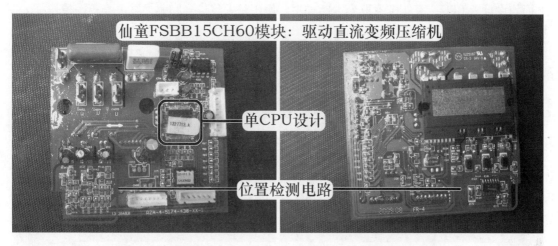

图2-11 应用于海信 KFR-33GW/25MZBP 中模块的正面和背面

图2-12 应用于海信 KFR-26GW/18BP 中模块的正面和背面

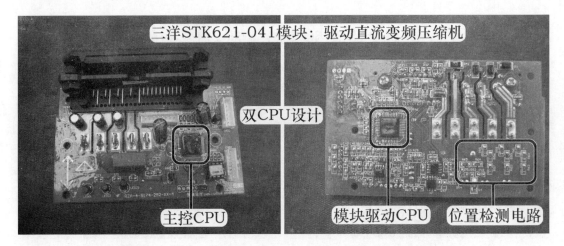

三洋STK621-041模块：驱动直流变频压缩机

双CPU设计

主控CPU

模块驱动CPU

位置检测电路

图 2-13　应用于海信 KFR-32GW/27ZBP 中模块的正面和背面

上面均设计有 CPU，室外机主板为主控 CPU，作用是采集信号和驱动继电器等，模块板为模块驱动 CPU，专门用于驱动变频模块和 PFC 模块。

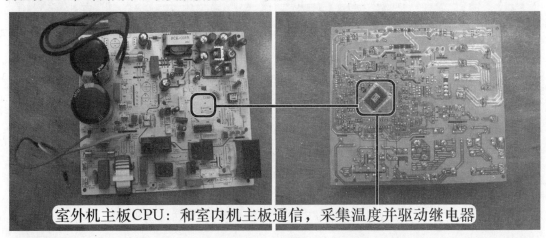

室外机主板CPU：和室内机主板通信，采集温度并驱动继电器

图 2-14　海信 KFR-26GW/08FZBPC（a）室外机主板

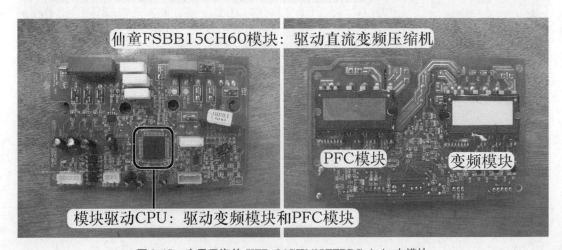

仙童FSBB15CH60模块：驱动直流变频压缩机

PFC模块　　　变频模块

模块驱动CPU：驱动变频模块和PFC模块

图 2-15　应用于海信 KFR-26GW/08FZBPC（a）中模块

五、模块测量方法

无论何种类型的模块，使用万用表测量时，内部控制电路工作是否正常不能判断，只能对内部 6 个开关管做简单的检测。

从图 2-16 的模块内部 IGBT（开关管）简图可知，万用表显示值实际为 IGBT 并联 6 个续流二极管的测量结果，因此应选择二极管档，且 P、N、U、V、W 端子之间应符合二极管的特性。

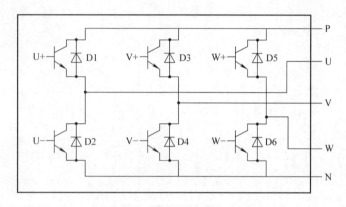

图 2-16　模块内部 IGBT 简图

1. 测量 P、N 端子

测量过程见图 2-17，相当于 D1 和 D2（或 D3 和 D4、D5 和 D6）串联测量。

红表笔接 P 端子、黑表笔接 N 端子，为反向测量，结果为无穷大；红表笔接 N 端子、黑表笔接 P 端子，为正向测量，结果为 733mV。

如果正反向测量结果均为无穷大，为模块 P、N 端子开路；如果正反向测量接近 0mV，为模块 P、N 端子短路。

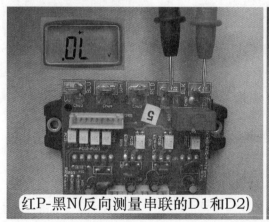

红P-黑N(反向测量串联的D1和D2)　　红N-黑P(正向测量串联的D1和D2)

图 2-17　测量 P、N 端子

2. 测量 P 与 U、V、W 端子

相当于测量 D1、D3、D5。

红表笔接 P 端子，黑表笔接 U、V、W 端子，测量过程见图 2-18，相当于反向测量 D1、D3、D5，3 次结果相同，均应为无穷大。

红表笔接 U、V、W 端子，黑表笔接 P 端子，测量过程见图 2-19，相当于正向测量 D1、D3、D5，3 次结果相同，均应为 406mV。

如果反向测量或正向测量时 P 与 U、V、W 端子结果接近 0mV，则说明模块 PU、PV、PW 端子击穿。实际损坏时，有可能是 PU、PV 端子正常，只有 PW 端子击穿。

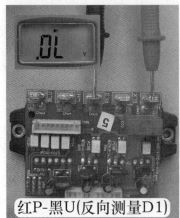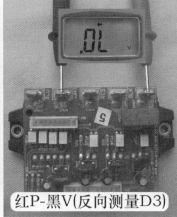

红P-黑U(反向测量D1)　　红P-黑V(反向测量D3)　　红P-黑W(反向测量D5)

图 2-18　反向测量 P 与 U、V、W 端子

红U-黑P(正向测量D1)　　红V-黑P(正向测量D3)　　红W-黑P(正向测量D5)

图 2-19　正向测量 P 与 U、V、W 端子

3. 测量 N 与 U、V、W 端子

相当于测量 D2、D4、D6。

红表笔接 N 端子，黑表笔接 U、V、W 端子，测量过程见图 2-20，相当于正向测量 D2、D4、D6，3 次结果相同，均应为 407mV。

红表笔接 U、V、W 端子，黑表笔接 N 端子，测量过程见图 2-21，相当于反向测量 D2、D4、D6，3 次结果相同，均应为无穷大。

如果反向测量或正向测量时，N 与 U、V、W 端子结果接近 0mV，则说明模块 NU、NV、

NW 端子击穿。实际损坏时，有可能是 NU、NW 端子正常，只有 NV 端子击穿。

红N-黑U(正向测量D2)　红N-黑V(正向测量D4)　红N-黑W(正向测量D6)

图 2-20　正向测量 N 与 U、V、W 端子

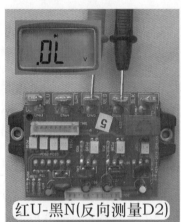

红U-黑N(反向测量D2)　红V-黑N(反向测量D4)　红W-黑N(反向测量D6)

图 2-21　反向测量 N 与 U、V、W 端子

4. 测量 U、V、W 端子

由于模块内部无任何连接，U、V、W 端子之间无论正反向测量，见图 2-22，结果相同应均为无穷大。如果结果接近 0mV，则说明 UV、UW、VW 端子击穿。实际维修时，U、V、W 端子之间击穿损坏的比例较小。

5. 测量说明

① 测量时应将模块上的 P、N 端子滤波电容供电引线，U、V、W 端子压缩机线圈引线全部拔下。

② 上述测量方法使用数字万用表。如果使用指针万用表，选择 R×1k 档，测量时红、黑表笔所接端子与上述方法相反，得出的规律才会一致。

③ 不同的模块、不同的万用表正向测量时得出的结果数值会不相同，但一定要符合内部 6 个续流二极管连接特点所组成的规律。同一模块、同一万用表正向测量 P 与 U、V、W 端子或 N 与 U、V、W 端子时，结果数值应相同（如本次测量为 406mV）。

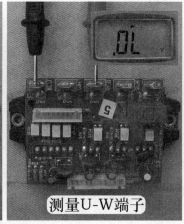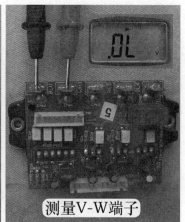

测量U-V端子 测量U-W端子 测量V-W端子

图 2-22   测量 U、V、W 端子

④ P、N 端子正向测量得出的结果数值应大于 P 与 U、V、W 端子或 N 与 U、V、W 端子得出的数值。

⑤ 测量模块时不要死记得出的数值，要掌握规律。

⑥ 模块常见故障为 PN、PU（或 PV、PW）、NU（或 NV、NW）端子击穿，其中 PN 端子击穿的比例最高。

⑦ 纯粹的模块为一体化封装，如内部 IGBT 损坏，维修时只能更换整个模块板组件。

⑧ 模块与控制基板（电路板）焊接在一起，如模块内部损坏，或电路板上的某个元器件损坏但检查不出来，维修时也只能更换整个模块板组件。

· 第二节   专用元器件 ·

专用元器件是变频空调器电控系统比较重要的电气元器件，并且在定频空调器电控系统中没有使用，工作部位通常是大电流，比较容易损坏。将专用元器件集结为一节，对其作用、实物外观、测量方法等做简单说明。

一、PTC 电阻

1. 作用

PTC 电阻为正温度系数热敏电阻，阻值随温度上升而变大，其与室外机主控继电器触点并联。室外机初次通电时，主控继电器线圈因无工作电压，触点断开，交流 220V 电压通过 PTC 电阻对滤波电容充电，PTC 电阻通过电流时由于温度上升阻值也逐渐变大，从而限制充电电流，防止由于电流过大造成硅桥损坏等故障出现，在室外机供电正常后，CPU 控制主控继电器触点闭合，PTC 电阻便不起作用。

2. 实物外形和安装位置

PTC 电阻实物外形和安装位置见图 2-23，外形为黑色的长方体，主要由外壳、顶盖、2 个接线端子、PTC 元件和绝缘垫片等组成。

目前的 PTC 电阻焊接在室外机主板主控继电器附近，引脚与继电器触点并联；早期的

PTC 电阻安装在室外机电控盒内，通过端子引线与主控继电器触点并联。

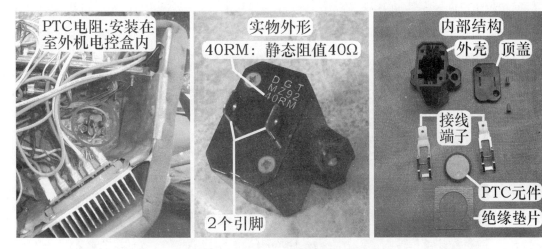

图 2-23 PTC 电阻实物外形和安装位置

3. 测量方法

PTC 电阻使用型号通常为 25℃/47Ω，常温下测量阻值为 50Ω 左右，表面温度较高时测量阻值为无穷大。其常见故障为开路，即常温下测量阻值为无穷大。

由于 PTC 电阻的两个引脚与室外机主控继电器端子的两个触点并联，见图 2-24，使用万用表电阻档测量继电器的两个端子就相当于测量 PTC 电阻的两个引脚。

图 2-24 测量 PTC 电阻阻值

二、硅桥

1. 作用与常用型号

硅桥实际上是由内部四个大功率整流二极管组成的桥式整流电路，将交流 220V 电压整流成为直流 300V 电压。

常用型号为 S25VB60，25 含义为最大正向整流电流 25A，60 含义为最高反向工作电压 600V。

2. 安装位置

安装位置见图 2-25，硅桥工作时需要通过较大的电流，功率较大且有一定的热量，因此与模块一起固定在大面积的散热片上。

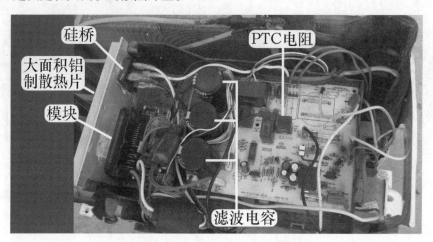

图 2-25　室外机主要元器件安装位置

目前变频空调器电控系统还有一种设计方式，见图 2-26，**就是将硅桥和功率因数校正（PFC）电路集成在一起，组成 PFC 模块**，和驱动压缩机的变频模块设计在一块电路板上，因此在此类空调器中，找不到普通意义上的硅桥。

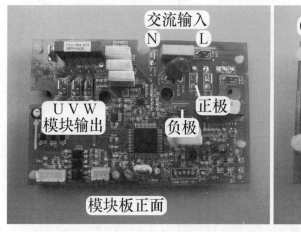
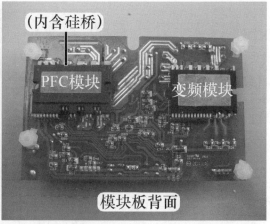

图 2-26　目前模块板上 PFC 模块内含硅桥

3. 引脚作用

共有四个引脚，分别为两个交流输入端和两个直流输出端。两个交流输入端接交流220V，使用时没有极性之分。两个直流输出端中的正极经滤波电感接滤波电容正极，负极直接与滤波电容负极连接。

4. 分类与引脚功能辨认方法

根据外观分类常见有方形和扁形两种，实物外形见图 2-27。

方形：其中的一角有豁口，对应引脚为直流正极，对角线引脚为直流负极，其他两个引脚为交流输入端（使用时不分极性）。

扁形：其中一侧有一个豁口，对应引脚为直流正极，中间两个引脚为交流输入端，最后一个引脚为直流负极。

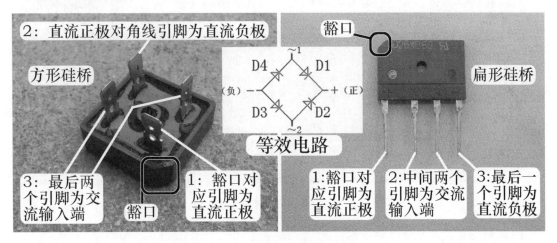

图 2-27 硅桥引脚功能辨认方法

5. 测量方法

由于内部为四个大功率的整流二极管，因此测量时应使用万用表二极管档。

（1）测量正、负端

测量过程见图 2-28，相当于测量串联的 D1 和 D4（或串联的 D2 和 D3）。

红表笔接正、黑表笔接负，为反向测量，结果为无穷大；红表笔接负、黑表笔接正，为正向测量，结果为 823mV。

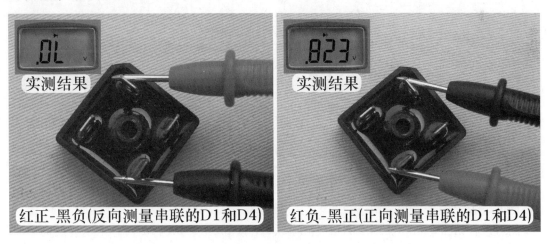

图 2-28 测量正、负端

（2）测量正、两个交流输入端

测量过程见图 2-29，相当于测量 D1、D2。

红表笔接正、黑表笔接交流输入端，为反向测量，两次结果相同，均应为无穷大；红表笔接交流输入端、黑表笔接正，为正向测量，两次结果应相同，均为 452mV。

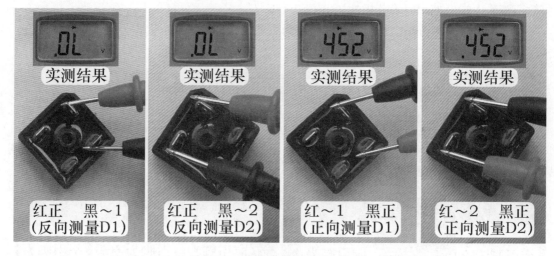

图 2-29　测量正、两个交流输入端

（3）测量负、两个交流输入端

测量过程见图 2-30，相当于测量 D3、D4。

红表笔接负、黑表笔接交流输入端，为正向测量，两次结果相同，均为 452mV；红表笔接交流输入端、黑表笔接负，为反向测量，两次结果相同，均为无穷大。

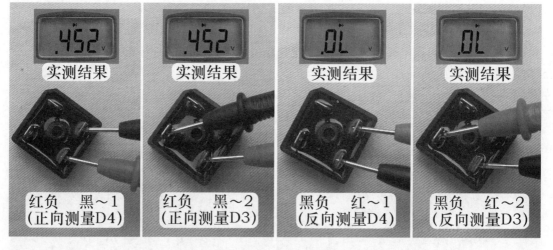

图 2-30　测量负、两个交流输入端

（4）测量交流输入端 ~1、~2

测量过程见图 2-31，相当于测量反向串联 D1 和 D2（或 D3 和 D4），由于为反向串联，因此正反向测量结果均应为无穷大。

6. 测量说明

① 测量时应将四个端子引线全部拔下。

② 上述测量方法使用数字万用表。如果使用指针万用表，选择 R×1k 档，测量时红、黑表笔所接端子与上述方法相反，得出的规律才会一致。

③ 不同的硅桥、不同的万用表正向测量时，得出结果的数值会不相同，但一定要符合

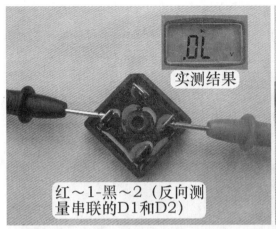
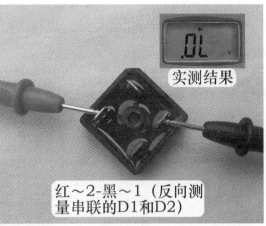

红~1-黑~2（反向测
量串联的D1和D2）

红~2-黑~1（反向测
量串联的D1和D2）

图 2-31　测量交流输入端子

内部四个整流二极管连接特点所构成的规律。

④ 同一硅桥同一万用表正向测量内部二极管时，结果数值应相同（如本次测量为452mV），测量硅桥时不要死记得出的数值，要掌握规律。

⑤ 硅桥常见故障为内部四个二极管全部击穿或某个二极管击穿，开路损坏的比例相对较小。

三、滤波电感

根据电感线圈"通直流、隔交流"的特性，阻止由硅桥整流后直流电压中含有的交流成分通过，使输送至滤波电容的直流电压更加平滑、纯净。

1. 安装位置

滤波电感通电时会产生电磁频率且自身较重容易产生噪声，为防止对主板控制电路产生干扰，见图 2-32 左图，通常将滤波电感设计在室外机底座上面。

2. 实物外形

见图 2-32 右图，将较粗的电感线圈按规律绕制在铁心上，即组成滤波电感，只有两个接线端子，没有正反之分。

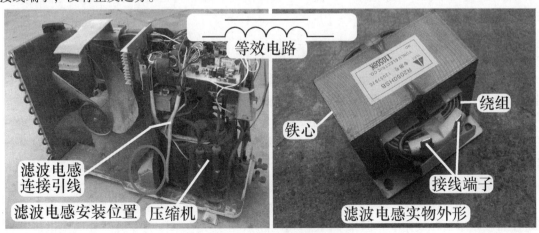

图 2-32　滤波电感安装位置和实物外形

3. 测量方法

测量时使用万用表电阻档，见图 2-33 左图，直接测量滤波电感的两个接线端子，正常阻值约为 1Ω。

滤波电感位于室外机底部，且外部有铁壳包裹，直接测量其接线端子不是很方便，实际检修时可以测量两个连接引线的插头阻值，见图 2-33 右图，由于引线较粗，实测阻值应和直接测量相同即约为 1Ω；如果实测阻值为无穷大，说明连接引线或滤波电感开路，应主要检查滤波电感上引线插头是否损坏。

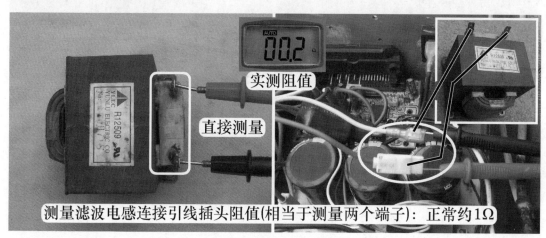

图 2-33　测量滤波电感阻值

四、滤波电容

1. 作用和引脚功能

滤波电容实际为容量较大（约为 **2000μF**）、耐压较高（约为直流 **400V**）的电解电容。根据电容"通交流、隔直流"的特性，对滤波电感输送的直流电压再次滤波，将其中含有的交流成分直接入地，使供给模块 P、N 端的直流电压平滑、纯净，不含交流成分。

电容共有两个引脚，即正极和负极。正极接模块 P 端，**负极接模块 N 端**，负极引脚对应有 "❑" 状标志。

2. 分类

按电容个数分类，有两种**形式**，即单个电容或几个电容并联组成。

单个电容：见图 2-34 右图，由 1 个耐压 400V、容量 2500μF 左右的电解电容，对直流电压滤波后为模块供电，常见于早期生产的变频空调器，电控盒内设有专用安装位置。

多个电容并联：见图 2-34 左图，由 2~4 个耐压 400V、容量 560μF 左右的电解电容并联组成，对直流电压滤波后为模块供电，**总容量为单个电容标注容量相加**。常见于目前生产的变频空调器，直接焊在室外机主板上。

3. 滤波电容人为放电方法

断开室外机的供电后，滤波电容的直流 300V 电压，在开关电源电路正常工作时，只需60s 左右就基本上释放完毕。但如果因起动电阻开路、开关管基极与发射极（或集电极）开路、开关电源 3.15A 供电熔丝管（俗称保险管）开路等原因致使开关电源电路不工作，引

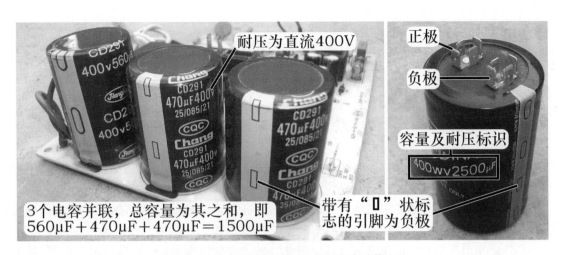

图 2-34　两种滤波电容实物外形和容量计算方法

起直流 300V 电压无放电回路时，滤波电容上的电压能保持很长时间而不下降。在此种情况下，检修室外机电控系统前，需要将直流 300V 电压人为释放。

选用容量为 2500μF 的滤波电容，以常用的 3 种方法试验放电时间，结果如下。

（1）PTC 电阻

在 PTC 电阻两端焊上引线，见图 2-35 左图，并联在滤波电容两端以释放电压。PTC 电阻静态阻值约 50Ω，3s 左右即可将直流 300V 电压降至 0V 以下，但在并联时会出现打火现象。

（2）变压器一次绕组

将变压器一次绕组的引线并联在滤波电容两端以释放电压，见图 2-35 中图，阻值约 300Ω 的一次绕组，2s 即可将直流 300V 电压降至 20V 以下，5s 可降至 0V 以下。

（3）电烙铁

将电烙铁插头直接并联在滤波电容两端以释放电压，见图 2-35 右图，功率 30W 的电烙铁线圈阻值约 1.6kΩ，10s 可将直流 300V 电压降至 20V 以下，25s 可降至 0V 以下。

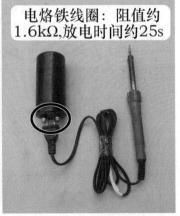

图 2-35　滤波电容人为放电方法

💡 **说明：** 在实际操作时，如果滤波电容焊在室外机主板上面，可以将引线或插头并联在模块 P、N 端子，也相当于并联在滤波电容两端。

五、变频压缩机

1. 作用

变频压缩机实物外形和铭牌见图 2-36。它是制冷系统的心脏，通过电机运行带动压缩机部分工作，使制冷剂在制冷系统保持流动和循环。

变频压缩机由三相感应电机和压缩系统两部分组成，模块输出频率与电压均可调的模拟三相交流电为三相感应电机供电，电机带动压缩系统工作。

模块输出电压变化时电机转速也随之变化，转速变化范围为 1500 ~ 9000r/min，压缩系统的输出功率（即制冷量）也发生变化，从而达到在运行时调节制冷量的目的。

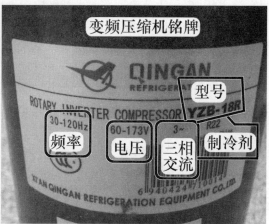

图 2-36　变频压缩机实物外形和铭牌

2. 引线作用

无论是交流变频压缩机或直流变频压缩机，**均有 3 个接线端子，见图 2-37，标号分别为 U、V、W，和模块上的 U、V、W 3 个接线端子对应连接。**

交流变频空调器在更换模块或压缩机时，如果 U、V、W 接线端子由于不注意插反导致不对应，压缩机则有可能反方向运行，引起不制冷故障，调整方法和定频空调器三相涡旋压缩机相同，即对调任意两根引线的位置。

直流变频空调器如果 U、V、W 接线端子不对应，压缩机起动后室外机 CPU 检测转子位置错误，报出"压缩机位置保护"或"直流压缩机失步"的故障代码。

3. 分类

根据工作方式主要分为直流变频压缩机和交流变频压缩机。

直流变频压缩机：使用无刷直流电机，工作电压为连续但极性不断改变的直流电。

交流变频压缩机：使用三相感应电机，工作电压为交流 30 ~ 220V，频率 15 ~ 120Hz，转速 1500 ~ 9000r/min。

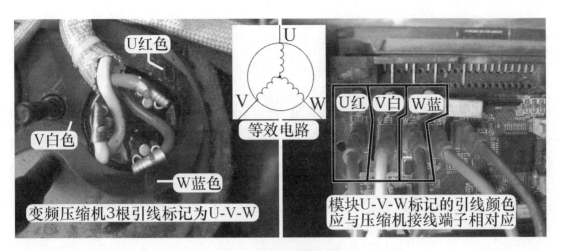

图 2-37　变频压缩机引线

4. 测量方法

使用万用表电阻档，测量 3 个接线端子之间阻值，见图 2-38，UV、UW、VW 阻值相等，即 $R_{UV} = R_{UW} = R_{VW}$，阻值约 1.5Ω。

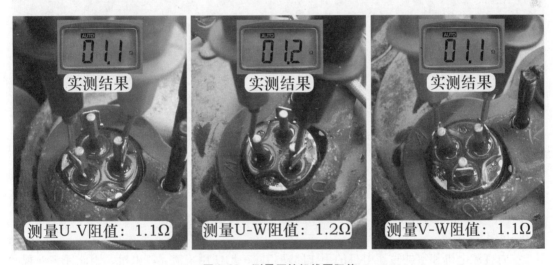

图 2-38　测量压缩机线圈阻值

六、直流电机

直流电机应用在全直流变频空调器的室内风机和室外风机中，作用与安装位置和普通定频空调器室内机的 PG 电机、室外机的室外风机相同。

1. 作用

室内直流电机带动贯流风扇运行，安装位置和实物外形见图 2-39，制冷时将蒸发器产生的冷量输送到室内，从而降低房间温度。

室外直流电机带动轴流风扇运行，安装位置和实物外形见图 2-40，制冷时将冷凝器产生的热量排放到室外，吸入自然空气为冷凝器降温。

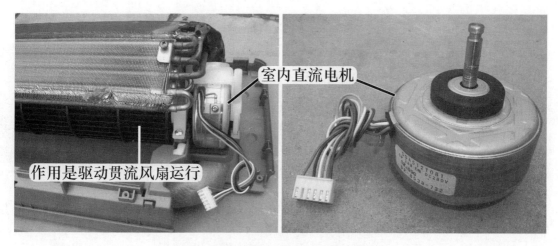

图 2-39　室内直流电机安装位置和实物外形

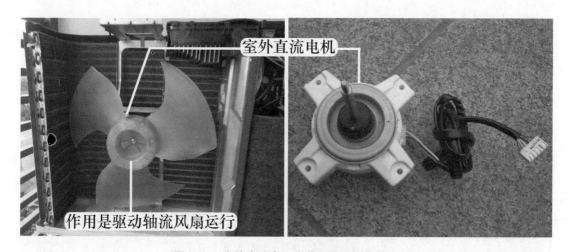

图 2-40　室外直流电机安装位置和实物外形

2. 引线功能和工作原理

（1）引线功能

室内直流电机和室外直流电机的工作原理相同，均使用直流无刷电机，因此插头外观和引线数量及作用均相同。

直流电机铭牌和插头见图 2-41，插头共有 **5 根引线**：**①号红线为直流 300V 电压正极**；**②号黑线为直流电压负极即地线**；**③号白线为直流 15V 电压正极**；**④号黄线为驱动控制引线**；**⑤号蓝线为转速反馈引线**。

（2）内部结构

直流电机内部结构见图 2-42 左图，主要由转子、定子、上盖和控制电路板组成。与普通交流电机相比，最主要的区别是内置控制电路板，同时转子带有较强的磁性。

（3）工作原理

直流电机工作原理与直流变频压缩机基本相同，只不过将变频模块和控制电路封装在电机内部组成一块电路板，实物外形见图 2-42 右图，变频模块供电电压为直流 300V，控制电

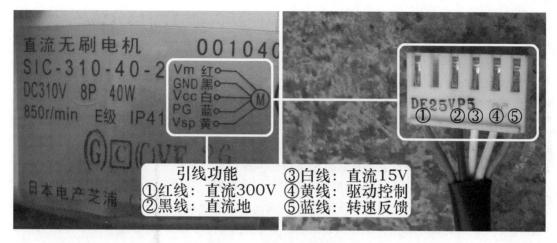

图2-41　直流电机引线功能

路供电电压为直流15V，均由主板提供。

主板CPU输出含有转速信号的驱动电压，经光耦合器耦合由④号黄线送入直流电机内部控制电路，处理后驱动变频模块，将直流300V电压转换为绕组所需要的电压，直流电机开始运行，从而带动贯流风扇或轴流风扇旋转运行。

直流电机运行时⑤号蓝线输出转速反馈信号，经光耦合器耦合后送至主板CPU，主板CPU适时监测直流电机的转速，与内部存储的目标转速相比较，如果转速高于或低于目标值，主板CPU调整输出的脉冲电压值，经④号黄线送至直流电机内部控制电路，控制电路处理后驱动模块，改变直流电机绕组的电压，转速随之改变，使直流电机的实际转速与目标转速保持一致。

> 💡 说明：室内直流电机由交流220V整流滤波后直接提供，实际电压值一般恒为直流300V；室外直流电机则取至模块的P、N端子，实际电压值则随压缩机转速变化而变化，压缩机低频运行时电压高、高频运行时电压低，电压范围通常在直流240～300V之间。

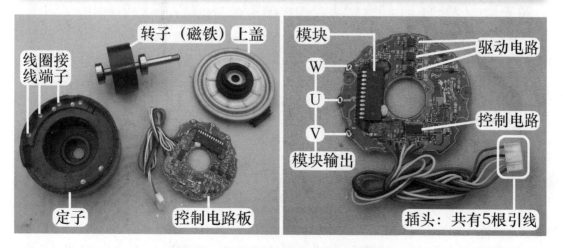

图2-42　直流电机内部结构和内部电路板

七、电子膨胀阀

1. 安装位置和作用

电子膨胀阀安装在室外机制冷系统中，见图 2-43 和图 2-44 左图，**作用和毛细管相同，即降压节流和调节流量**，通常是垂直安装在制冷系统管道上面。

变频压缩机在高频或低频运行时对进入蒸发器的制冷剂流量要求不同，高频运行时要求进入蒸发器的流量大，以便迅速蒸发，提高制冷量，可迅速降低房间温度；低频运行时要求进入蒸发器的流量小，降低制冷量，以便维持房间温度。

如使用毛细管作为节流元件，由于节流压力和流量为固定值，因而在一定程度上降低了变频空调器的优势；而使用电子膨胀阀作为节流元件则适合制冷剂流量变化的要求，从而最大程度发挥变频空调器的优势，提高系统制冷量。电子膨胀阀同时具有流量控制范围大、调节精确、可以使制冷剂正反两个方向流动等优点。

电子膨胀阀：降压节流，作用和毛细管相同

图 2-43 电子膨胀阀作用

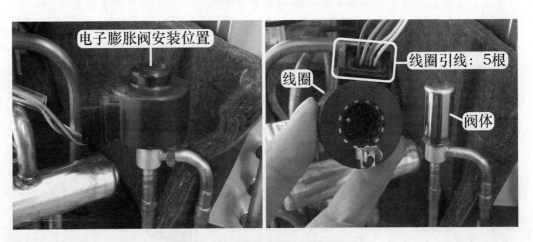

电子膨胀阀安装位置

线圈引线：5根

线圈

阀体

图 2-44 电子膨胀阀安装位置和组成

2. 实物外形和应用范围

电子膨胀阀由线圈和阀体组成，实物外形见图 2-44 右图和图 2-45，CPU 输出电压驱动电子膨胀阀线圈，带动阀体内阀针上下移动，改变阀孔的间隙，使阀体的流通截面体发生变化，改变制冷剂流过时的压力，从而改变节流压力和流量，使进入蒸发器的流量与压缩机运行速度相适应，达到精确调节制冷量的目的。

但如果电子膨胀阀的开度控制不好（即和压缩机转速不匹配），制冷量会下降甚至低于使用毛细管作为节流元件的变频空调器。

使用电子膨胀阀的变频空调器，由于运行过程中需要同时调节两个变量，这也要求室外机主板上 CPU 有很高的运算能力；同时电子膨胀阀与毛细管相比成本较高，因此一般使用在高档空调器中。

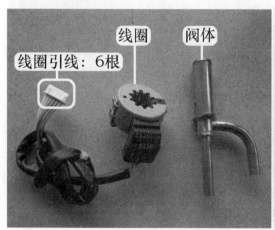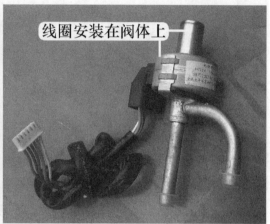

图 2-45 电子膨胀阀实物外形

3. 连接管走向

有两根铜管与制冷系统连接，与冷凝器出管连接的为电子膨胀阀进管，与二通阀连接的为电子膨胀阀出管。

制冷剂流向见图 2-46，制冷模式下冷凝器流出低温高压液体，电子膨胀阀节流后变为低温低压液体，经二通阀后由连接管送至室内机的蒸发器。

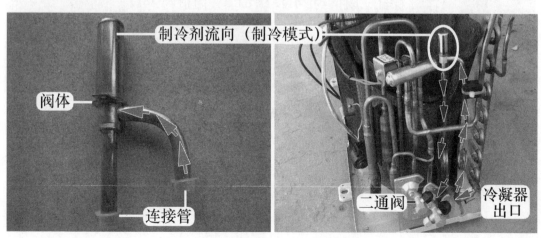

图 2-46 阀体和制冷模式下制冷剂流向

4. 检测方法

电子膨胀阀线圈供电为直流12V。根据引线数量分为两种：一种为 6 根引线，其中有 2 根引线连在一起为公共端接电源直流12V，余下 4 根引线接 CPU 控制；另一种为 5 根引线，1 根为公共端接直流12V，余下 4 根接 CPU 控制。

测量时使用万用表电阻档，见图 2-47 和图 2-48，黑表笔接公共端，红表笔测量 4 根控制引线，阻值应相等约为 47Ω，4 根控制引线之间阻值约为 94Ω。

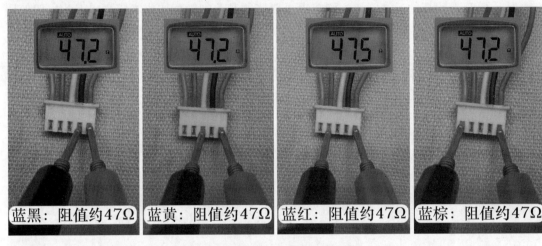

图 2-47　测量电子膨胀阀线圈阻值（一）

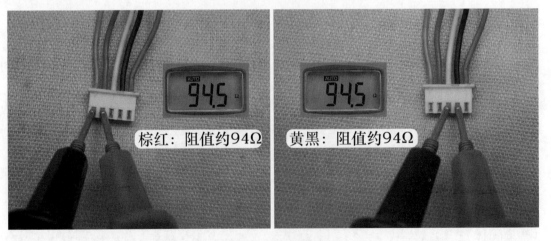

图 2-48　测量电子膨胀阀线圈阻值（二）

第三章

变频空调器整机电控系统单元电路作用

本章介绍具有典型电控系统的控制电路方框图，并以早期电控系统代表机型海信 KFR-2601GW/BP 及目前电控系统代表机型海信 KFR-26GW/11BP 为基础，对交流变频空调器单元电路硬件部分的特点做简要分析。

本章介绍室内机和室外机电控系统硬件组成、方框图、电路原理图、实物外观、单元电路中的主要电子元器件，并将主板外围元器件、主板电子元器件标上代号，在电路原理图、实物外观上一一对应，使理论和实际相结合。

注意：本节内容不涉及全直流变频空调器。本书内容的重点也是以上述两种机型为基础，对早期代表机型电控系统和目前代表机型电控系统的控制原理进行分析。由于直流变频空调器和交流变频空调器电控系统基本相同，因此学习直流变频空调器时可以参考和借鉴。

·第一节 室内机电控系统·

一、海信 KFR-2601GW/BP 室内机电控系统

1. 电控系统组成

图 3-1 为室内机电控系统电气接线图，图 3-2 为室内机电控系统实物外形和作用（不含端子板）。

从图 3-2 中可以看出，室内机电控系统由主板（控制基板）、变压器、室内环温（内环温度）传感器、室内管温（热交温度）传感器、显示板组件（开关组件）、PG 电机（风扇电机）、步进电机（风门电机）和端子板组成。

2. 电控系统方框图

图 3-3 为室内机电控系统方框图；图 3-4 为室内机主板电路原理图；图 3-5 为室内机主板插座和外围元器件；图 3-6 为室内机主板主要电子元器件。

3. 主板插座和外围元器件

表 3-1 为室内机主板插座和外围元器件明细；图 3-5 为室内机主板插座和外围元器件实物外形。

主板有供电才能工作，为主板供电的插头有电源 L 端和电源 N 端两个端子；室内机主板外围元器件有 PG 电机、步进电机、显示板组件、环温和管温传感器、变压器，相对应主板有 PG 电机供电插座、霍尔反馈插座、步进电机插座、环温和管温传感器插座、变压器一次绕组和二次绕组插座；由于室内机主板还为室外机供电和交换信息，因此还设有室外机供

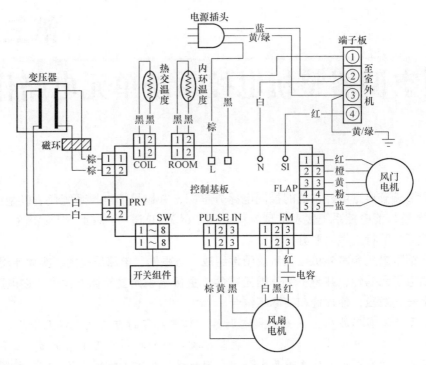

图 3-1 室内机电控系统电气接线图

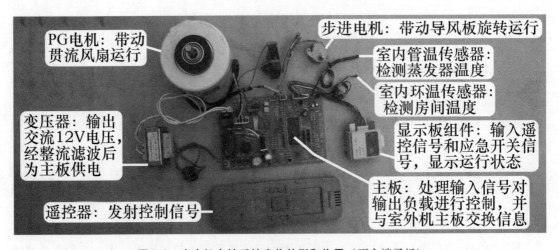

图 3-2 室内机电控系统实物外形和作用（不含端子板）

电端子和通信线。

外围元器件明细说明如下。

① 插座引线的代号以"A"开头，外围元器件实物以"B"开头，主板和显示板组件上的电子元器件以"C"开头。

② 大多数品牌的交流或直流变频空调器室内机主板插座功能基本相同，只是单元电路或形状设计不同。如果主板直流 12V 和 5V 供电由开关电源电路提供，则主板不再设计变压器一次绕组和二次绕组插座。

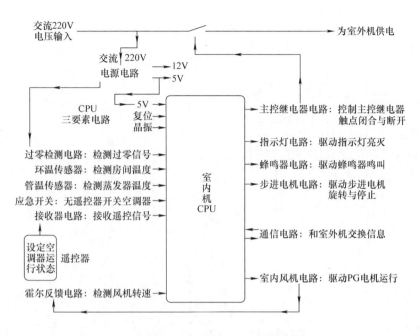

图 3-3　室内机电控系统方框图

表 3-1　室内机主板插座和外围元器件明细

标　号	插座/元器件	标　号	插座/元器件	标　号	插座/元器件
A1	电源 L 端输入	A7	PG 电机供电插座	B1	变压器
A2	为室外机供电	A8	霍尔反馈插座	B2	步进电机
A3	电源 N 端输入	A9	步进电机插座	B3	管温传感器
A4	变压器一次绕组插座	A10	管温传感器插座	B4	环温传感器
A5	变压器二次绕组插座	A11	环温传感器插座	B5	显示板组件
A6	通信线	A12	显示板组件插座		

4. 单元电路主要电子元器件

室内机主板单元电路的作用如下所述，主要电子元器件明细见表 3-2，图 3-6 为主要电子元器件实物外形。

表 3-2　室内机主板主要电子元器件明细

标　号	元器件	标　号	元器件	标　号	元器件
C1	CPU	C9	电感	C17	发光二极管
C2	晶振	C10	过零检测晶体管	C18	7805 稳压块
C3	复位集成电路	C11	反相驱动器	C19	主滤波电容
C4	排阻 1	C12	蜂鸣器	C20	整流二极管
C5	排阻 2	C13	主控继电器	C21	熔丝管
C6	排容	C14	光耦合器晶闸管	C22	压敏电阻
C7	接收光耦合器	C15	应急开关		
C8	发送光耦合器	C16	接收器		

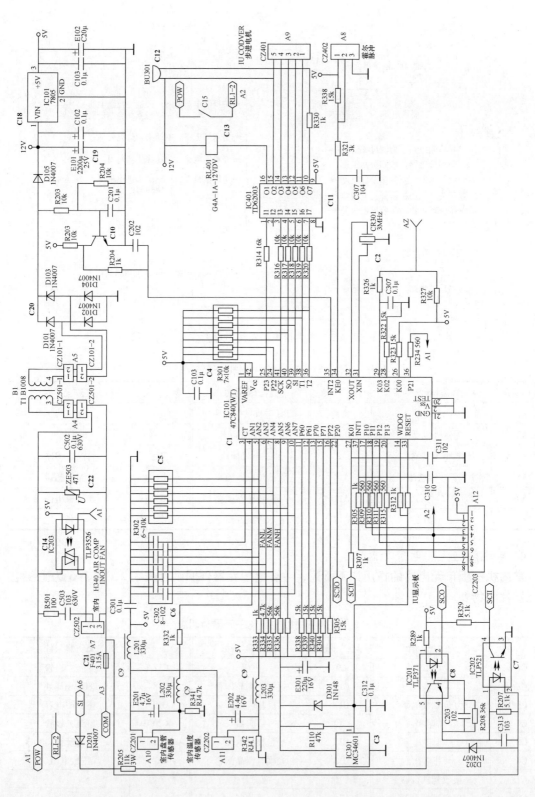

图 3-4 室内机主板电路原理图

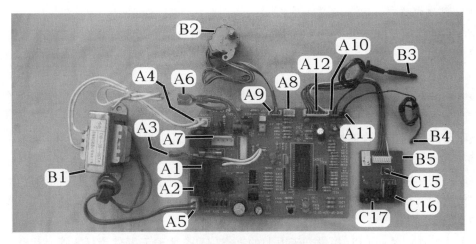

图 3-5 室内机主板插座和外围元器件

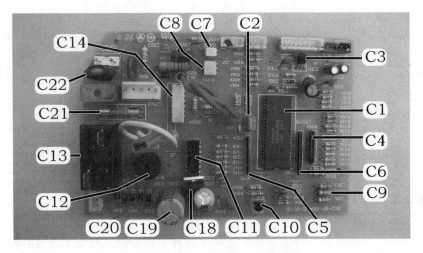

图 3-6 室内机主板主要电子元器件

（1）电源电路

该电路的作用是向主板提供直流 12V 和 5V 电压。该电路由熔丝管（C21）、压敏电阻（C22）、变压器（B1）、整流二极管（C20）、主滤波电容（C19）和 7805（C18）等元器件组成。

（2）CPU 及其三要素电路

CPU（C1）是室内机电控系统的控制中心，处理输入电路的信号，对负载进行控制；三要素电路是 CPU 正常工作的前提，由晶振（C2）和复位集成电路（C3）等元器件组成。CPU 控制电路为了简化电路板设计，使用了排阻（两个，代号为 C4 和 C5）和排容（C6）。

> 💡 说明：排阻和排容多见于早期空调器的主板，目前的主板很少使用。

（3）通信电路

该电路的作用是和室外机 CPU 交换信息，主要元器件为接收光耦合器（C7）和发送光耦合器（C8）。

（4）应急开关电路

该电路的作用是在无遥控器时可以开启或关闭空调器，主要元器件为应急开关（C15）。

（5）接收器电路

该电路的作用是接收遥控器发射的信号，主要元器件为接收器（C16）。

（6）传感器电路

该电路的作用是向 CPU 提供温度信号。室内环温传感器（B4）提供房间温度信号，室内管温传感器（B3）提供蒸发器温度信号，供电电路中使用了电感（C9）。

（7）过零检测电路

该电路的作用是向 CPU 提供交流电源的零点信号，主要元器件为晶体管（俗称三极管）（C10）。

（8）霍尔反馈电路

该电路的作用是向 CPU 提供转速信号，PG 电机输出的信号直接送至 CPU 引脚。

（9）指示灯电路

该电路的作用是显示空调器的运行状态，主要元器件为 4 个发光二极管（C17）。

（10）蜂鸣器电路

该电路的作用是提示已接收到遥控信号，主要元器件为反相驱动器（C11）和蜂鸣器（C12）。

（11）步进电机电路

该电路的作用是驱动步进电机运行，从而带动导风板上下旋转运行，主要元器件为反相驱动器和步进电机（B2）。

（12）主控继电器电路

该电路的作用是向室外机提供电源，主要元器件为反相驱动器和主控继电器（C13）。

（13）PG 电机驱动电路

该电路的作用是驱动 PG 电机运行，主要元器件为光耦合器晶闸管（俗称光耦可控硅）（C14）和 PG 电机。

二、海信 KFR-26GW/11BP 室内机电控系统

1. 电控系统组成

图 3-7 为室内机电控系统电气接线图，图 3-8 为实物图（不含端子板）。从图 3-8 中可以看出，室内机电控系统由主板（控制基板）、室内管温传感器（蒸发器温度传感器）、显示板组件（显示基板组件）、PG 电机（室内风机）、步进电机（风门电机）和端子板等组成。

图 3-9 为室内机主板电路原理图。

2. 主板插座和外围元器件

表 3-3 为室内机主板插座和外围元器件明细，图 3-10 为室内机主板插座和外围元器件。

主板有供电才能工作，为主板供电有电源 L 端输入和电源 N 端输入两个端子；室内机主板外围元器件有 PG 电机、步进电机、显示板组件和管温传感器，相对应的在主板上有

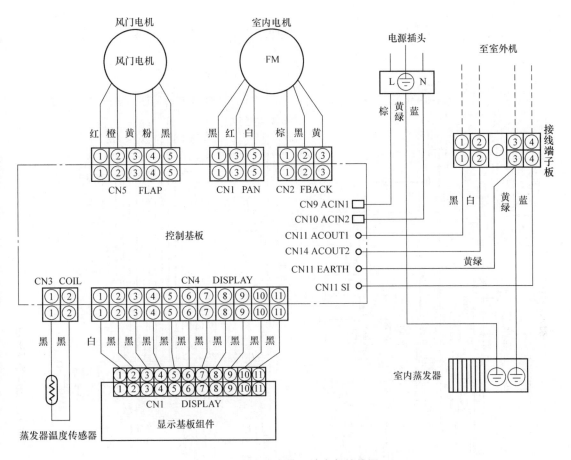

图 3-7　室内机电控系统电气接线图

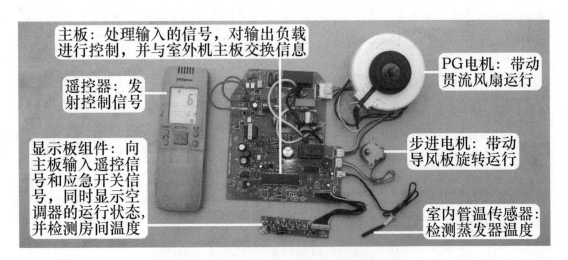

图 3-8　室内机电控系统实物图（不含端子板）

PG 电机供电插座、步进电机插座、霍尔反馈插座和管温传感器插座；由于室内机主板还为室外机供电和与室外机交换信息，因此还设有室外机供电端子和通信线。

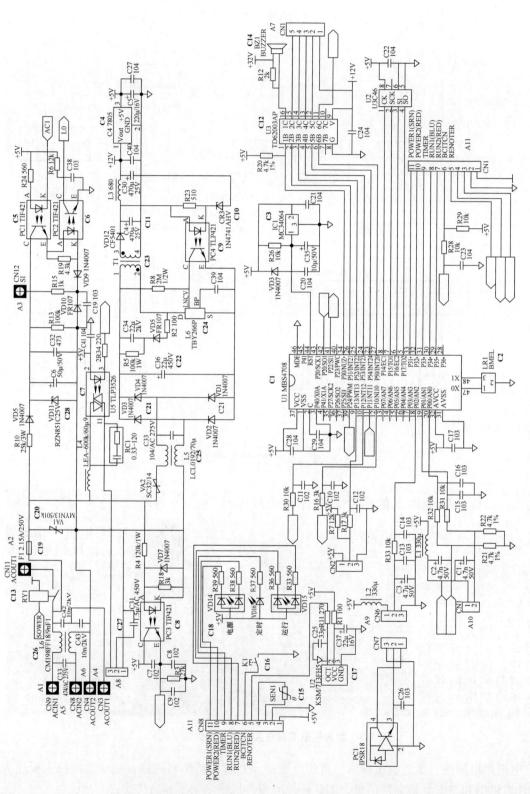

图3-9　室内机主板电路原理图

> **说明：**
>
> ① 插座引线的代号以 "A" 开头，外围元器件实物以 "B" 开头，主板和显示板组件上电子元器件以 "C" 开头。
>
> ② 本机主板由开关电源提供直流12V 和5V 电压，因此没有变压器一次绕组和二次绕组插座。

表3-3　室内机主板插座和外围元器件明细

标号	插座/元器件	标号	插座/元器件	标号	插座/元器件	标号	插座/元器件
A1	电源 L 端输入	A5	电源 N 端输入	A9	霍尔反馈插座	B2	显示板组件
A2	电源 L 端输出	A6	电源 N 端输出	A10	管温传感器插座	B3	管温传感器
A3	通信线	A7	步进电机插座	A11	显示板组件插座		
A4	地线	A8	PG 电机供电插座	B1	步进电机		

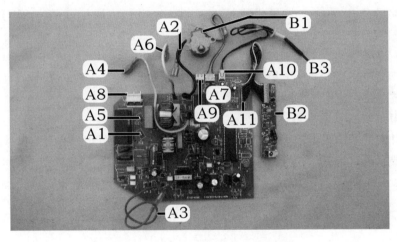

图 3-10　室内机主板插座和外围元器件

3. 单元电路主要电子元器件

表3-4 为室内机主板主要电子元器件明细，图3-11 为室内机主板主要电子元器件。

表3-4　室内机主板主要电子元器件明细

标号	元器件	标号	元器件	标号	元器件	标号	元器件
C1	CPU	C8	过零检测光耦合器	C15	环温传感器	C22	300V 滤波电容
C2	晶振	C9	稳压光耦合器	C16	应急开关	C23	开关变压器
C3	复位集成电路	C10	11V 稳压管	C17	接收器	C24	开关振荡集成电路
C4	7805 稳压块	C11	12V 滤波电容	C18	发光二极管	C25	扼流圈
C5	发送光耦合器	C12	反相驱动器	C19	熔丝管	C26	滤波电感
C6	接收光耦合器	C13	主控继电器	C20	压敏电阻	C27	风机电容
C7	光耦合器晶闸管	C14	蜂鸣器	C21	整流二极管	C28	24V 稳压管

图 3-11　室内机主板主要电子元器件

（1）电源电路

电源电路的作用是向主板提供直流 12V 和 5V 电压，由熔丝管（C19）、压敏电阻（C20）、滤波电感（C26）、整流二极管（C21）、直流 300V 滤波电容（C22）、开关振荡集成电路（C24）、开关变压器（C23）、稳压光耦合器（C9）、11V 稳压管（C10）、12V 滤波电容（C11）和 7805 稳压块（C4）等元器件组成。

交流滤波电路中使用扼流圈（C25），用来滤除电网中的杂波干扰。

（2）CPU 及其三要素电路

CPU（C1）是室内机电控系统的控制中心，处理输入部分电路的信号，对负载进行控制；CPU 三要素电路是 CPU 正常工作的前提，由复位集成电路（C3）和晶振（C2）等元器件组成。

（3）通信电路

通信电路的作用是和室外机 CPU 交换信息，主要元器件为接收光耦合器（C6）和发送光耦合器（C5）。

（4）应急开关电路

应急开关电路的作用是在无遥控器时用其可以开启或关闭空调器，主要元器件为应急开关（C16）。

（5）接收器电路

接收器电路的作用是接收遥控器发射的信号，主要元器件为接收器（C17）。

（6）传感器电路

传感器电路的作用是向 CPU 提供温度信号。室内环温传感器（C15）提供房间温度信号，室内管温传感器（B3）提供蒸发器温度信号，5V 供电电路中使用了电感。

（7）过零检测电路

过零检测电路的作用是向 CPU 提供交流电源的零点信号，主要元器件为过零检测光耦合器（C8）。

（8）霍尔反馈电路

霍尔反馈电路的作用是向 CPU 提供转速信号，PG 电机输出的霍尔反馈信号直接送至

CPU 引脚。

（9）指示灯电路

指示灯电路的作用是显示空调器的运行状态，主要元器件为 3 个发光二极管（C18），其中的 2 个为双色二极管。

（10）蜂鸣器电路

蜂鸣器电路的作用是提示已接收到遥控信号，主要元器件为反相驱动器（C12）和蜂鸣器（C14）。

（11）步进电机电路

步进电机电路的作用是驱动步进电机运行，从而带动导风板上下旋转运行，主要元器件为反相驱动器和步进电机（B1）。

（12）主控继电器电路

主控继电器电路的作用是向室外机提供电源，主要元器件为反相驱动器和主控继电器（C13）。

（13）PG 电机驱动电路

PG 电机驱动电路的作用是驱动 PG 电机运行，主要元器件为光耦合器晶闸管（C7）和PG 电机。

三、室内机主板单元电路对比

1. 电源电路

电源电路见图 3-12，**作用是为室内机主板提供直流 12V 和 5V 电压。**

常见有两种形式的电路：使用变压器降压和使用开关电源。 交流变频空调器或直流变频空调器室内风机使用 PG 电机（供电为交流 220V），普遍使用变压器降压形式的电源电路，也是目前最常见的设计形式，只有少数机型使用开关电源电路。

全直流变频空调器室内风机为直流电机（供电为直流 300V），普遍使用开关电源电路。

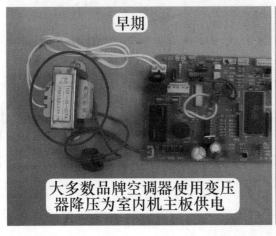

图 3-12　早期和目前的空调器电源电路之对比

2. CPU 三要素电路

CPU 三要素电路见图 3-13，它是 CPU 正常工作的必备电路，包含直流 5V 供电电路、复位电路和晶振电路。

无论是早期还是目前的室内机主板，CPU 三要素电路的工作原理完全相同，即使不同也只限于使用元器件的型号。

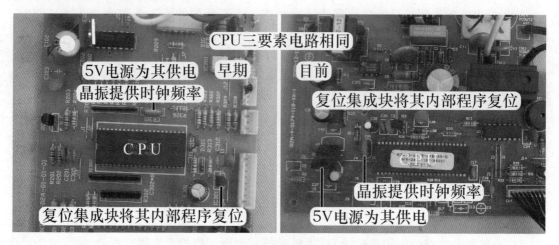

图 3-13　早期和目前的空调器 CPU 三要素电路之对比

3. 传感器电路

传感器电路见图 3-14，作用是为 CPU 提供温度信号，环温传感器检测房间温度，管温传感器检测蒸发器温度。

早期和目前的室内机主板传感器电路相同，均是由环温传感器和管温传感器组成。

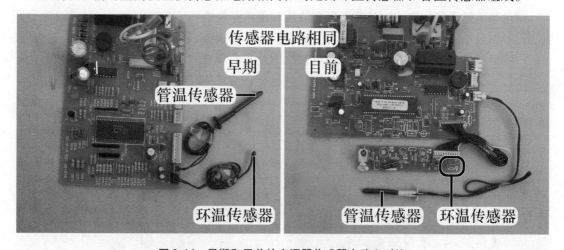

图 3-14　早期和目前的空调器传感器电路之对比

4. 接收器电路和应急开关电路

接收器电路和应急开关电路见图 3-15，接收器电路将遥控器发射的遥控信号传送至 CPU，应急开关电路在无遥控器时可以操作空调器的运行。

早期和目前的室内机主板接收器和应急开关电路基本相同，即使不同也只限于应急开关的设计位置或型号，以及目前生产的接收器表面涂有绝缘胶（减小空气中水分引起的漏电概率）。

5. 过零检测电路

进零检测电路见图 3-16，作用是为 CPU 提供过零信号，以便 CPU 驱动光耦合器晶闸管。

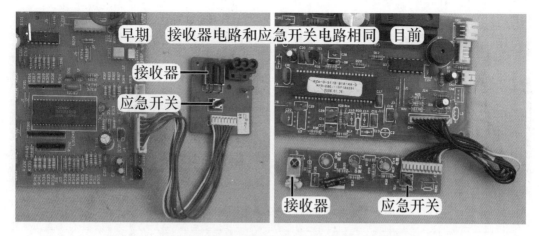

图 3-15　早期和目前的空调器接收器电路和应急开关电路之对比

使用变压器供电的主板，检测器件为 NPN 型晶体管，取样电压取自变压器二次绕组整流电路；使用开关电源供电的主板，检测器件为光耦合器，取样电压取自交流 220V 输入电源。

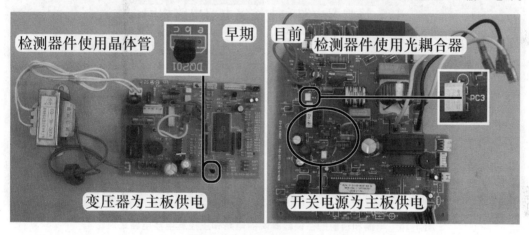

图 3-16　早期和目前的空调器过零检测电路之对比

6. 指示灯电路

指示灯电路见图 3-17，**作用是显示空调器的运行状态。**

早期和目前的指示灯电路工作原理相同，不同的是使用器件不同，早期多使用单色的发光二极管，目前多使用双色的发光二极管。

> 💡 **说明：** 有些空调器使用指示灯和数码管组合的方式，也有些空调器使用液晶显示屏或真空荧光显示屏（VFD）。

7. 蜂鸣器电路和主控继电器电路

蜂鸣器电路和主控继电器电路见图 3-18，**蜂鸣器电路提示已接收到遥控信号或应急开关信号，并且已处理；主控继电器电路为室外机供电。**

早期和目前的主板中蜂鸣器电路和主控继电器电路相同。

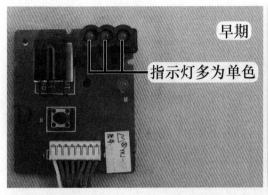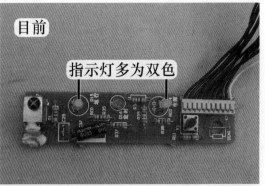

图 3-17　早期和目前的空调器指示灯电路之对比

💡 **说明：** 有些空调器蜂鸣器发出的响声为和弦音。

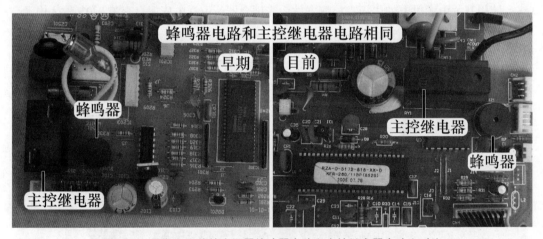

图 3-18　早期和目前的空调器蜂鸣器电路和主控继电器电路之对比

8. 步进电机电路

步进电机电路见图 3-19，作用是带动导风板上下旋转运行。

早期和目前的主板步进电机电路相同。

💡 **说明：** 有些空调器也使用步进电机驱动左右导风板。

9. 室内风机驱动电路和霍尔反馈电路

室内风机驱动电路和霍尔反馈电路见图 3-20，室内风机驱动电路改变 PG 电机的转速，霍尔反馈电路向 CPU 输入代表 PG 电机实际转速的霍尔信号。

早期和目前的主板中 PG 电机驱动电路和霍尔反馈电路相同。

10. 通信电路

通信电路的作用是用于室内机主板 CPU 和室外机主板 CPU 交换信息。

早期主板的通信电路电源为直流 140V，见图 3-21，设在室外机主板，并且较多使用 6

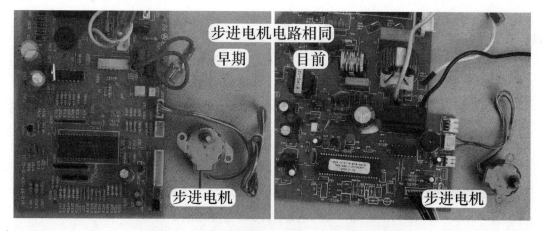

图 3-19 早期和目前的空调器步进电机电路之对比

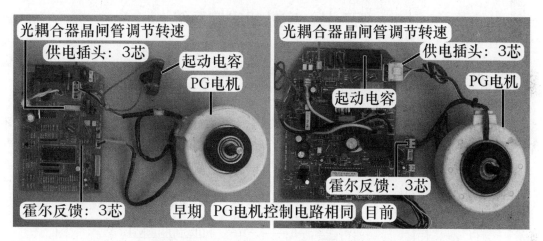

图 3-20 早期和目前的空调器室内风机驱动电路和霍尔反馈电路之对比

脚光耦合器。

目前主板的通信电路电源通常为直流24V，见图3-22，设在室内机主板，一般使用4脚光耦合器。

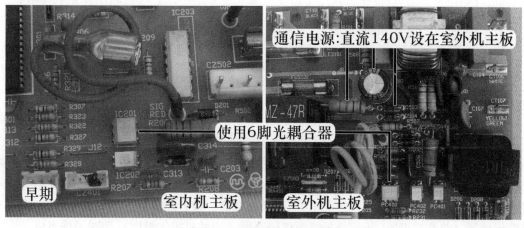

图 3-21 早期直流 140V 通信电路

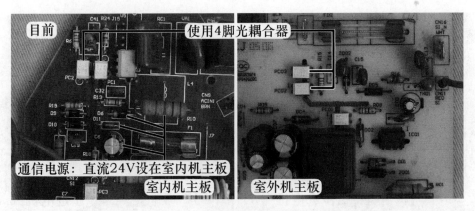

图 3-22　目前直流 24V 通信电路

·第二节　室外机电控系统·

一、海信 KFR-2601GW/BP 室外机电控系统

1. 电控系统组成

图 3-23 为室外机电控系统电气接线图，图 3-24 为室外机电控系统实物外形和作用（不含压缩机、室外风机和端子排）。

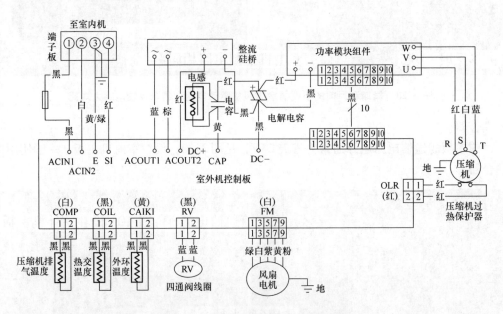

图 3-23　室外机电控系统电气接线图

从图 3-24 上可以看出，室外机电控系统由主板（室外机控制板）、硅桥、滤波电感、电容、滤波电容（电解电容）、模块（模块板组件）、压缩机、压缩机顶盖温度开关（压缩机过热保护器）、室外风机（风扇电机）、四通阀线圈、室外环温传感器（外环温度）、室外管温传感器（热交温度）、压缩机排气温度传感器（压缩机排气温度）和端子排组成。

💡 **说明：** 本机开关电源与模块集成在一块电路板上，因此才能为室外机主板供电，其他型号的模块是否供电，应由其电路板上电路决定。

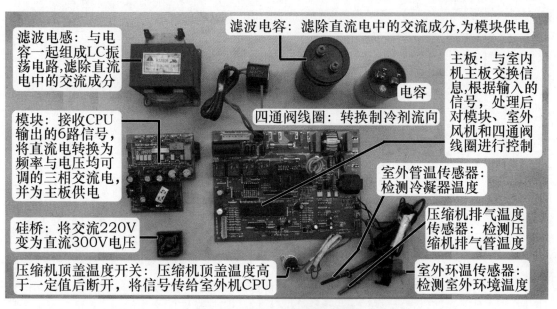

滤波电感：与电容一起组成LC振荡电路，滤除直流电中的交流成分

滤波电容：滤除直流电中的交流成分,为模块供电

电容

四通阀线圈：转换制冷剂流向

主板：与室内机主板交换信息,根据输入的信号，处理后对模块、室外风机和四通阀线圈进行控制

模块：接收CPU输出的6路信号，将直流电转换为频率与电压均可调的三相交流电，并为主板供电

室外管温传感器：检测冷凝器温度

硅桥：将交流220V变为直流300V电压

压缩机排气温度传感器：检测压缩机排气管温度

压缩机顶盖温度开关：压缩机顶盖温度高于一定值后断开，将信号传给室外机CPU

室外环温传感器：检测室外环境温度

图3-24　室外机电控系统实物图

2. 电控系统方框图

图3-25为室外机电控系统方框图，图3-26为室外机主板电路原理图，图3-27为模块板电路原理图。

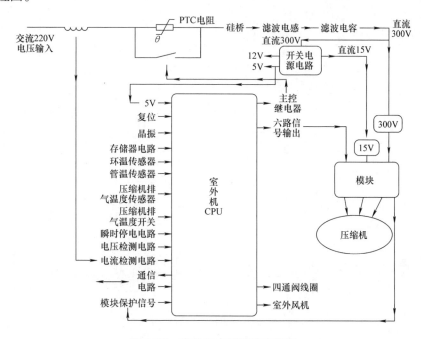

图3-25　室外机电控系统方框图

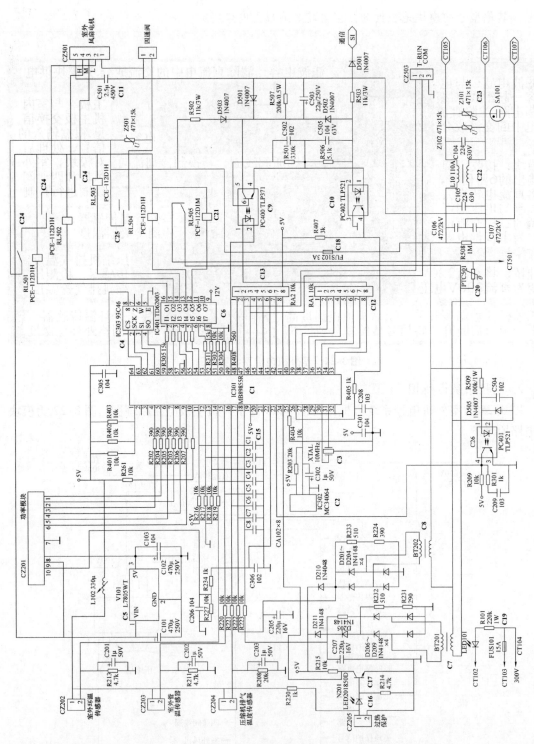

图 3-26 室外机主板电路原理图

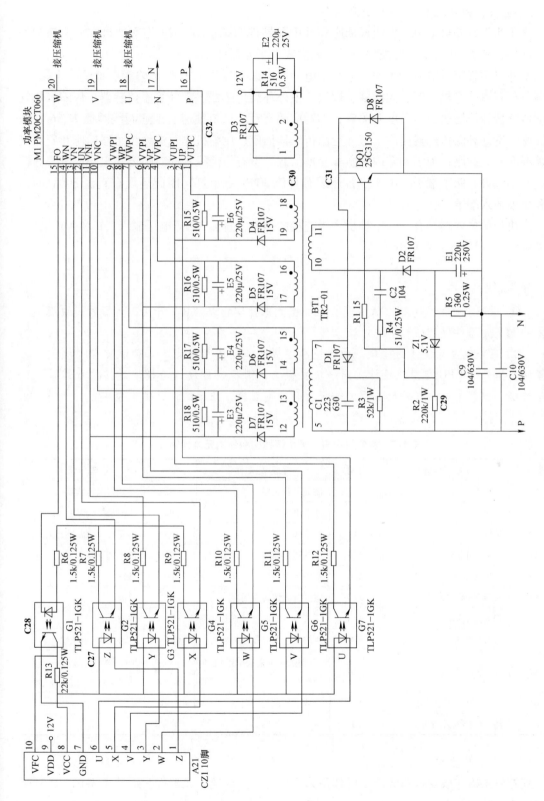

图 3-27 模块板电路原理图

3. 主板、模块板插座和外围元器件

表3-5为室外机主板、模块板插座和外围元器件明细，图3-28为室外机主板插座和外围元器件，图3-29为室外机模块板插座和主要电子元器件。

室外机主板有供电才能工作，为其供电的有电源 L 输入、电源 N 输入、地线 3 个端子；外围负载有室外风机、四通阀线圈、模块、室外环温传感器、室外管温传感器、压缩机排气温度传感器和压缩机顶盖温度开关等，相对应的有室外风机插座、四通阀线圈插座、6 路信号插座、室外环温传感器插座、室外管温传感器插座、压缩机排气温度传感器插座和压缩机顶盖温度开关插座；为了和室内机主板交换信息，设有通信线；同时还要输出交流电为硅桥供电，相应设有两个端子。由于主板还设有直流 300V 指示灯，因此还设有直流 300V 的正极和负极输入端子。

模块板的主要端子有：和室外机主板连接的插座，直流 300V 电压输入（P 和 N）端子，压缩机引线（U、V、W）端子。

> 💡 **说明：**
>
> ① 插座引线的代号以"A"开头，外围元器件实物以"B"开头，主板和模块板上的电子元器件以"C"开头。
>
> ② 室外机主板设计的插座，由模块和主板功能的类型决定。如为直接驱动型的模块，室外机 CPU 与模块设计在同一块主板上，则不会再设计与模块连接的 6 路信号插座。也就是说，室外机主板的插座没有固定规律，插座的设计由机型决定。

表3-5 室外机主板、模块板插座和外围元器件明细

标号	插座/元器件	标号	插座/元器件	标号	插座/元器件
A1	电源 L 输入	A12	滤波电容正极	B2	室外管温传感器
A2	电源 N 输入	A13	滤波电容负极	B3	压缩机排气温度传感器
A3	地线	A14	通信线	B4	压缩机顶盖温度开关
A4	L 端去硅桥	A15	室外风机插座	B5	四通阀线圈
A5	N 端去硅桥	A16	室外环温传感器插座	B6	硅桥
A6	直流 300V 输入和输出端子	A17	室外管温传感器插座	B7	滤波电感
A7	四通阀线圈插座	A18	压缩机排气温度传感器插座	B8	滤波电容
A8	连接模块 P 端	A19	压缩机顶盖温度开关插座	P、N	直流 300V 电压输入
A9	连接模块 N 端	A20	连接模块插座（6 路信号插座）	U、V、W	驱动输出，连接压缩机线圈引线
A10	硅桥负极去滤波电感	A21	连接室外机主板插座		
A11	滤波电感输入和输出	B1	室外环温传感器		

4. 单元电路主要电子元器件

室外机主板和模块板单元电路的作用如下所述，主要电子元器件明细见表3-6，图3-30为室外机主板主要电子元器件。

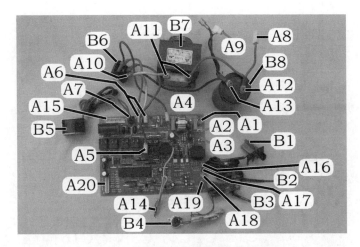

图 3-28　室外机主板插座和外围元器件

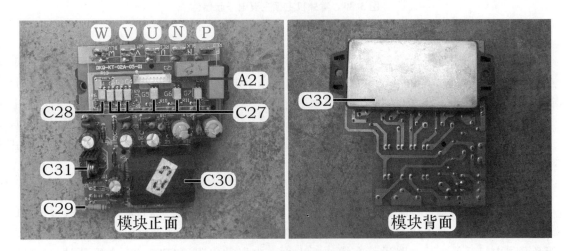

图 3-29　室外机模块板插座和主要电子元器件

表 3-6　室外机主板和模块板主要电子元器件明细

标　号	元　器　件	标　号	元　器　件	标　号	元　器　件
C1	CPU	C12	排阻 1	C23	压敏电阻
C2	复位集成电路	C13	排阻 2	C24	室外风机继电器
C3	晶振	C14	排阻 3	C25	四通阀线圈继电器
C4	存储器	C15	排容	C26	瞬时停电检测光耦合器
C5	7805 稳压块	C16	发光二极管	C27	6 路信号驱动光耦合器
C6	2003 反相驱动器	C17	晶体管	C28	模块保护信号光耦合器
C7	电压检测变压器	C18	3.15A 熔丝管	C29	启动电阻
C8	电流检测变压器	C19	20A 熔丝管	C30	开关变压器
C9	发送光耦合器	C20	PTC 电阻	C31	开关管
C10	接收光耦合器	C21	主控继电器	C32	模块
C11	风机电容	C22	交流滤波电感		

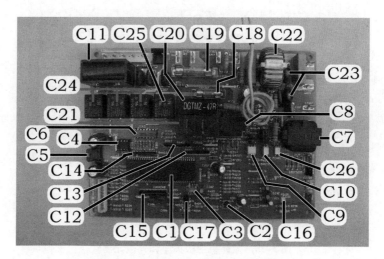

图3-30 室外机主板主要电子元器件

（1）直流300V电压形成电路

该电路的作用是将交流220V电压变为纯净的直流300V电压。它由PTC电阻（C20）、主控继电器（C21）、硅桥（B6）、滤波电感（B7）、滤波电容（B8）和20A熔丝管（C19）等元器件组成。

（2）交流220V输入电压电路

该电路的作用是过滤电网带来的干扰，以及在输入电压过高时保护后级电路。它由交流滤波电感（C22）、压敏电阻（C23）和3.15A熔丝管（C18）等元器件组成。

（3）开关电源电路

该电路的作用是将直流300V电压转换成直流15V、直流12V和直流5V电压，其中直流15V为模块内部控制电路供电，直流12V为继电器和反相驱动器供电，直流5V为CPU等负载供电。开关电源电路设计在模块板上面，由启动电阻（C29）、开关变压器（C30）和开关管（C31）等组成；直流5V电压形成电路设计在室外机主板，主要元器件为7805稳压块（C5）。

（4）CPU及其三要素电路

CPU（C1）是室外机电控系统的控制中心，处理输入电路的信号，对负载进行控制；三要素电路是CPU正常工作的前提，由复位集成电路（C2）和晶振（C3）等元器件组成。CPU控制电路为了简化电路板设计，使用了排阻（3个，代号为C12、C13和C14）和排容（C15）。

（5）存储器电路

该电路的作用是存储相关参数，供CPU运行时调取使用。其主要元器件为存储器（C4）。

（6）传感器电路

该电路的作用是为CPU提供温度信号。环温传感器（B1）检测室外环境温度，管温传感器（B2）检测冷凝器温度，压缩机排气温度传感器（B3）检测压缩机排气管温度，压缩机顶盖温度开关（B4）检测压缩机顶部温度。指示灯电路由发光二极管（C16）和晶体管

（C17）组成，如压缩机壳体温度过高，则发光指示。

（7）瞬时停电检测电路

该电路的作用是向 CPU 提供输入市电电压是否接触不良的信号，主要元器件为瞬时停电检测光耦合器（C26）。

（8）电压检测电路

该电路的作用是向 CPU 提供输入市电电压的参考信号，主要元器件为电压检测变压器（C7）。

（9）电流检测电路

该电路的作用是提供室外机运行电流信号，主要元器件为电流检测变压器（C8）。

（10）通信电路

该电路的作用是与室内机主板交换信息，主要元器件为发送光耦合器（C9）和接收光耦合器（C10）。

（11）主控继电器电路

该电路的作用是待滤波电容充电完成后主控继电器触点闭合，短路 PTC 电阻。驱动主控继电器线圈的元器件为 2003 反相驱动器（C6）。

（12）室外风机电路

该电路的作用是控制室外风机运行，主要由风机电容（C11）、继电器（C24）和室外风机等元器件组成。

（13）四通阀线圈电路

该电路的作用是控制四通阀线圈的供电与失电，主要由四通阀线圈（B5）及其继电器（C25）等元器件组成。

（14）6 路信号驱动电路

6 路信号控制模块内部 6 个 IGBT（开关管）的导通与截止，使模块产生频率与电压均可调的模拟三相交流电，6 路信号由室外机 CPU 输出。该电路主要由 6 路信号驱动光耦合器（C27）和模块（C32）等元器件组成。

（15）模块保护信号电路

模块保护信号由模块输出，送至室外机 CPU。该电路主要由模块保护信号光耦合器（C28）组成。

二、海信 KFR-26GW/11BP 室外机电控系统

1. 电控系统组成

图 3-31 为室外机电控系统电气接线图，图 3-32 为室外机电控系统实物图（不含端子排、电感线圈 A、压缩机、室外风机和滤波器等体积较大的元器件）。

从图 3-32 上可以看出，室外机电控系统由室外机主板（控制板）、模块板（IPM 模块板）、滤波器、整流硅桥（电流硅桥）、电感线圈 A、电容、滤波电感（电感线圈 B）、压缩机、压缩机顶盖温度开关（压缩机热保护器）、室外风机（风扇电机）、四通阀线圈、室外环温传感器（外气）、室外管温传感器（盘管）、压缩机排气温度传感器（排气）和端子排组成。

图 3-33 为室外机主板电路原理图，图 3-34 为模块板电路原理图。

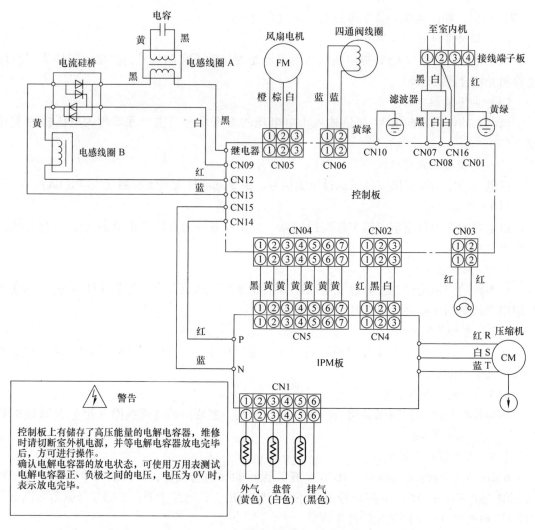

图 3-31　室外机电控系统电气接线图

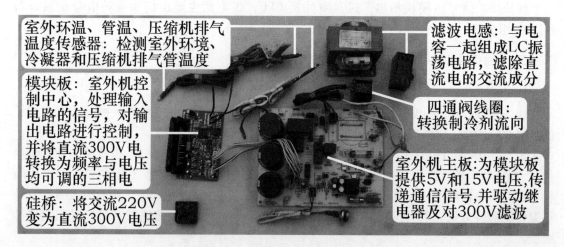

图 3-32　室外机电控系统实物图

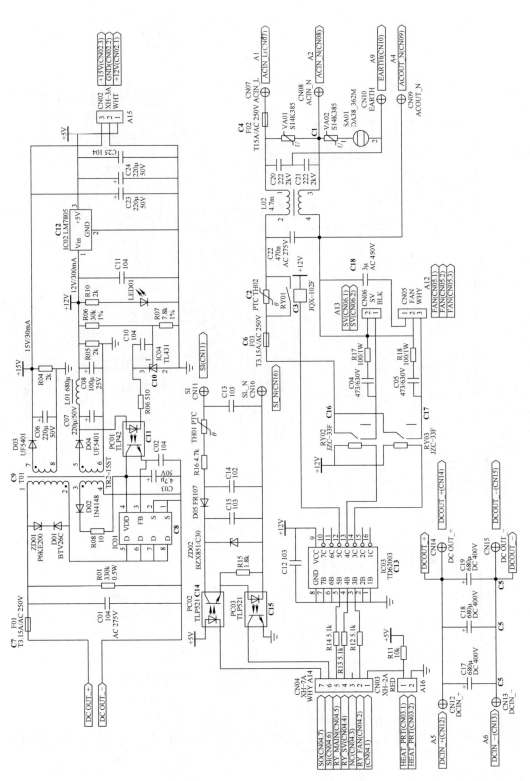

图 3-33　室外机主板电路原理图

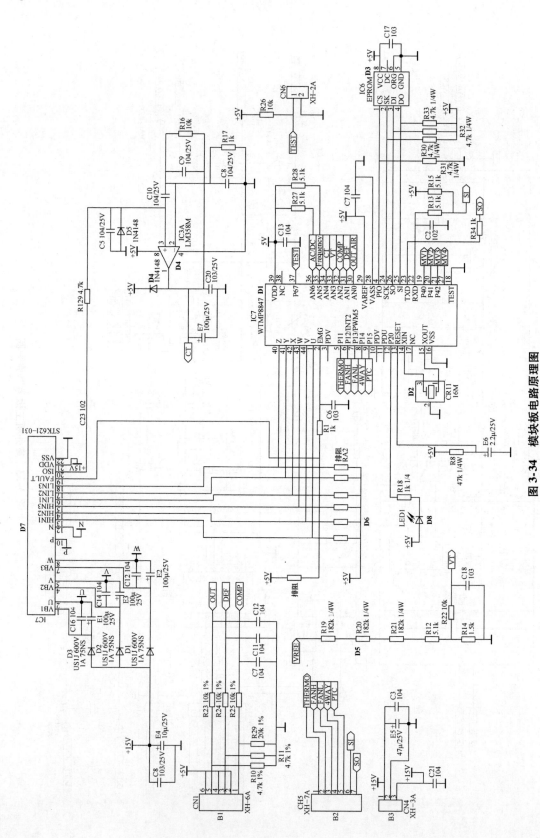

图 3-34 模块板电路原理图

2. 室外机主板和模块板插座

表3-7为室外机主板和模块板插座明细,图3-35为室外机主板和模块板插座。

(1) 室外机主板插座

室外机主板有供电才能工作,为其供电的端子有电源L输入、电源N输入和地线3个;外围负载有室外风机、四通阀线圈、模块板和压缩机顶盖温度开关等,相对应有室外风机插座、四通阀线圈插座、为模块板提供直流15V和5V电压插座、压缩机顶盖温度开关插座;为了接收模块板的控制信号和传递通信信号,设有连接插座;为了和室内机主板交换信息,设有通信线;同时还要输出交流电为硅桥供电,相应设有两个输出端子;由于滤波电容设在室外机主板上,相对应有两个直流300V输入端子和两个直流300V输出端子。

(2) 模块板插座

CPU设计在模块板上,其有供电才能工作,弱电有直流15V和5V电压插座,强电有直流300V供电电压接线端子;为和室外机主板交换信息,设有连接插座;外围负载有室外环温、室外管温、压缩机排气温度3个传感器,因此设有传感器插座;还有模块输出的U、V、W端子,以及带有强制起动室外机电控系统的插座。

> 💡 **说明:**
> ① 室外机主板插座代号以 "A" 开头,模块板插座以 "B" 开头,室外机主板电子元器件以 "C" 开头,模块板电子元器件以 "D" 开头。
> ② 室外机主板设计的插座,由模块板和主板功能决定,也就是说,室外机主板的插座没有固定规律,插座的设计由机型决定。

表3-7 室外机主板和模块板插座明细

标号	插座	标号	插座	标号	插座	标号	插座
A1	电源L输入	A6	接硅桥负极输出	A11	通信N线	A16	压缩机顶盖温度开关插座
A2	电源N输入	A7	滤波电容正极输出	A12	室外风机插座	B1	3个传感器插座
A3	L端去硅桥	A8	滤波电容负极输出	A13	四通阀线圈插座	B2	信号连接线插座
A4	N端去硅桥	A9	地线	A14	信号连接线插座	B3	直流15V和5V插座
A5	接硅桥正极输出	A10	通信线	A15	直流15V和5V插座	B4	应急起动插座
P、N:直流300V电压输入				U、V、W:连接压缩机线圈引线			

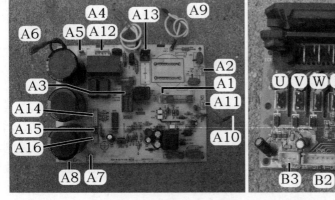

图3-35 室外机主板和模块板插座

3. 单元电路主要电子元器件

表3-8为室外机主板和模块板主要电子元器件明细，图3-36左图为室外机主板主要电子元器件，图3-36右图为模块板主要电子元器件。

表3-8　室外机主板和模块板主要电子元器件明细

标号	元 器 件	标号	元 器 件	标号	元 器 件	标号	元 器 件
C1	压敏电阻	C8	开关振荡集成电路	C15	接收光耦合器	D4	LM358
C2	PTC电阻	C9	开关变压器	C16	室外风机继电器	D5	取样电阻
C3	主控继电器	C10	TL431	C17	四通阀线圈继电器	D6	排阻
C4	20A熔丝管	C11	稳压光耦合器	C18	风机电容	D7	模块
C5	滤波电容	C12	7805	D1	CPU	D8	发光二极管
C6	3.15A熔丝管	C13	2003反相驱动器	D2	晶振	D9	二极管
C7	3.15A熔丝管	C14	发送光耦合器	D3	存储器	D10	电容

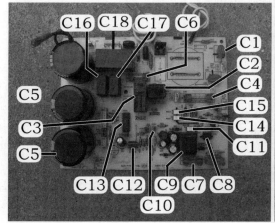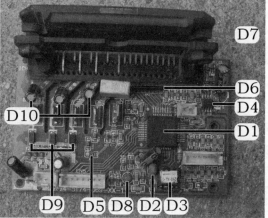

图3-36　室外机主板和模块板主要电子元器件

（1）直流300V电压形成电路

该电路的作用是将交流220V电压变为纯净的直流300V电压，由PTC电阻（C2）、主控继电器（C3）、硅桥、滤波电感、滤波电容（C5）和20A熔丝管（C4）等元器件组成。

（2）交流220V输入电压电路

该电路的作用是过滤电网带来的干扰，以及在输入电压过高时保护后级电路，由交流滤波器、压敏电阻（C1）、20A熔丝管（C4）、电感线圈和电容等元器件组成。

（3）开关电源电路

该电路的作用是将直流300V电压转换成直流15V、直流12V和直流5V电压，其中直流15V为模块内部控制电路供电（模块还设有15V自举升压电路，主要元器件为二极管D9和电容D10），直流12V为继电器和反相驱动器供电，直流5V为CPU等供电。开关电源电路设计在室外机主板上，主要由3.15A熔丝管（C7）、开关振荡集成电路（C8）、开关变压器（C9）、稳压光耦合器（C11）、TL431稳压取样集成电路（C10）和7805 5V电压产生电路（C12）等元器件组成。

（4）CPU及其三要素电路

CPU（D1）是室外机电控系统的控制中心，处理输入部分电路的信号后对负载进行控制；CPU三要素电路是CPU正常工作的前提，由复位电路和晶振（D2）等元器件组成。

（5）存储器电路

存储器电路存储相关参数，供CPU运行时调取使用，主要元器件为存储器（D3）。

（6）传感器电路

传感器电路为CPU提供温度信号。环温传感器检测室外环境温度，管温传感器检测冷凝器温度，压缩机排气温度传感器检测压缩机排气管温度，压缩机顶盖温度开关检测压缩机顶部温度。

（7）电压检测电路

电压检测电路向CPU提供输入市电电压的参考信号，主要元器件为取样电阻（D5）。

（8）电流检测电路

电流检测电路向CPU提供压缩机运行电流信号，主要元器件为LM358电流放大集成电路（D4）。

（9）通信电路

通信电路与室内机主板交换信息，主要元器件为发送光耦合器（C14）和接收光耦合器（C15）。

（10）主控继电器电路

该电路的作用是待滤波电容充电完成后，主控继电器（C3）触点吸合，短路PTC电阻。驱动主控继电器线圈的器件为2003反相驱动器（C13）。

（11）室外风机电路

室外风机电路控制室外风机运行，主要由风机电容（C18）、室外风机继电器（C16）和室外风机等元器件组成。

（12）四通阀线圈电路

四通阀线圈电路控制四通阀线圈供电与失电，主要由四通阀线圈继电器（C17）等元器件组成。

（13）6路信号电路

6路信号控制模块内部6个IGBT开关管的导通与截止，使模块产生频率与电压均可调的模拟三相交流电，6路信号由室外机CPU输出，直接连接模块的输入引脚，设有排阻（D6）。

（14）模块保护信号电路

模块保护信号由模块输出，直接送至室外机CPU相关引脚。

（15）指示灯电路

该电路的作用是指示室外机的工作状态，主要元器件为发光二极管（D8）。

三、室外机主板单元电路对比

1. 直流300V电压形成电路

直流300V电压形成电路见图3-37，**作用是将输入的交流220V电压转换为平滑的直流300V电压，为模块和开关电源供电。**

早期和目前的电控系统均是由 PTC 电阻、主控继电器、硅桥、滤波电感和滤波电容 5 个主要元器件组成的；不同之处在于滤波电容的结构形式，早期电控系统通常由 1 个容量较大的电容组成，目前的电控系统通常由 2~4 个容量较小的电容并联组成。

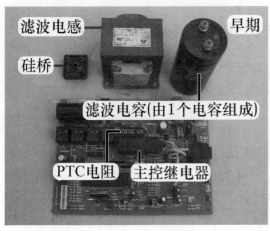
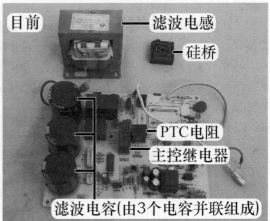

图 3-37　早期和目前的空调器直流 300V 电压形成电路之对比

2. 开关电源电路

开关电源电路见图 3-38，变频空调器的室外机电源电路全部使用开关电源电路，为室外机主板提供直流 12V 和 5V 电压、为模块内部控制电路提供直流 15V 电压。

早期主板的开关电源电路通常由分立元器件组成，以开关管和开关变压器为核心，输出的直流 15V 电压通常为 4 路。

目前主板的开关电源电路通常使用集成电路的形式，以集成电路和开关变压器为核心，直流 15V 电压通常为单路输出。

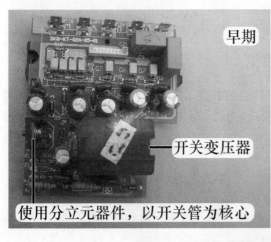
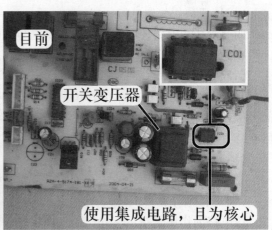

图 3-38　早期和目前的空调器开关电源电路之对比

3. CPU 三要素电路

CPU 三要素电路见图 3-39，CPU 三要素电路是 CPU 正常工作的必备电路，具体内容参见室内机 CPU。

早期和目前的主板 CPU 三要素电路原理均相同，只是早期的主板 CPU 引脚较多，目前的主板 CPU 引脚较少。

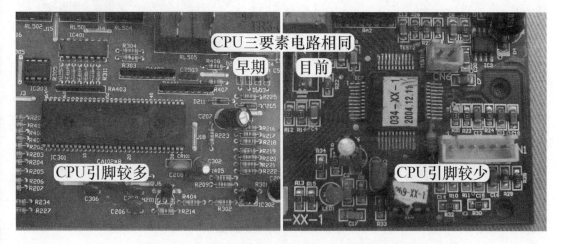

图 3-39　早期和目前的空调器 CPU 三要素电路之对比

4. 存储器电路

存储器电路见图 3-40，作用是存储相关数据，供 CPU 运行时调取使用。

早期主板的存储器多使用 93C46，目前主板的存储器多使用 24C××系列（24C01、24C02 和 24C04 等）。

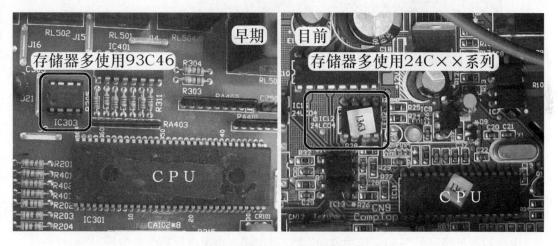

图 3-40　早期和目前的空调器存储器电路之对比

5. 传感器电路和压缩机顶盖温度开关电路

传感器电路和压缩机顶盖温度开关电路见图 3-41，作用是为 CPU 提供温度信号，环温传感器检测室外环境温度，管温传感器检测冷凝器温度，压缩机排气温度传感器检测压缩机排气管温度，压缩机顶盖温度开关检测压缩机顶部温度。

早期和目前的主板中传感器电路和压缩机顶盖温度开关电路相同。

6. 瞬时停电检测电路

瞬时停电检测电路见图 3-42，作用是向 CPU 提供输入市电电压是否接触不良的信号。

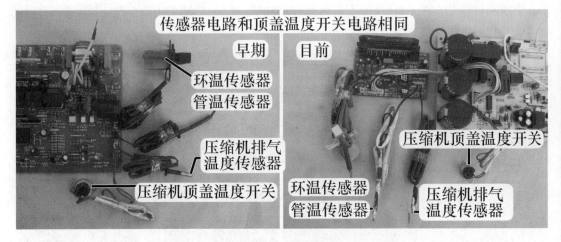

图 3-41　早期和目前的空调器传感器电路和压缩机
顶盖温度开关电路之对比

早期的主板使用光耦合器检测，目前的主板则不再设计此电路，通常由室内机 CPU 检测过零信号，通过软件计算得出输入的市电电压是否正常。

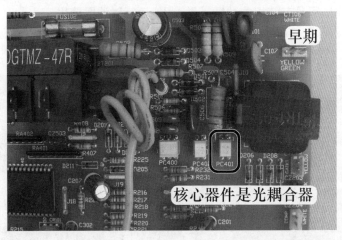

图 3-42　早期和目前的空调器瞬时停电检测电路之对比

7. 电压检测电路

电压检测电路见图 3-43，作用是向 CPU 提供输入市电电压的参考信号。

早期的主板多使用电压检测变压器，向 CPU 提供随市电变化而变化的电压，CPU 内部电路根据软件计算出相应的市电电压值。

目前的主板 CPU 通过检测直流 300V 电压，经软件计算出相应的交流市电电压值，起到间接检测市电电压的目的。

8. 电流检测电路

电流检测电路见图 3-44，作用是提供室外机运行电流信号或压缩机运行电流信号，由 **CPU 通过软件计算出实际的运行电流值**，以便更好地控制压缩机。

早期的主板通常使用电流检测变压器，向 CPU 提供室外机运行的电流参考信号。

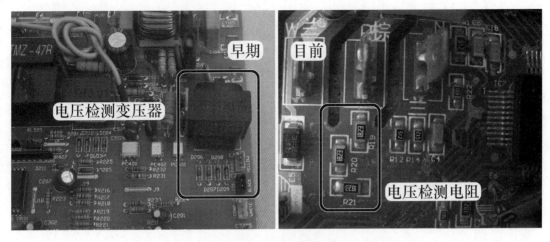

图 3-43　早期和目前的空调器电压检测电路之对比

目前的主板由模块其中的一个引脚，或模块电流取样电阻，输出代表压缩机运行的电流参考信号，由外部电路将电流信号放大后提供给 CPU，通过软件计算出压缩机的实际运行电流值。

> 说明：早期和目前的主板还有另外一种常见形式，就是使用电流互感器。

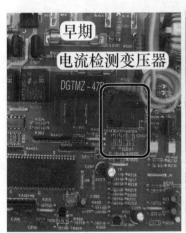

图 3-44　早期和目前的空调器电流检测电路之对比

9. 模块保护电路

模块保护电路见图 3-45，**模块保护信号由模块输出，送至室外机 CPU。**

早期模块输出的保护信号经光耦合器耦合送至室外机主板 CPU，目前模块输出的保护信号直接送至室外机主板 CPU。

10. 主控继电器电路和四通阀线圈电路

主控继电器电路和四通阀线圈电路见图 3-46，**主控继电器电路控制主控继电器触点的导通与断开，四通阀线圈电路控制四通阀线圈的供电与失电。**

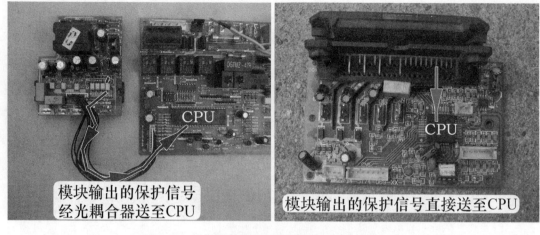

图 3-45 早期和目前的空调器模块保护电路之对比

早期和目前的主板中主控继电器电路和四通阀线圈电路相同。

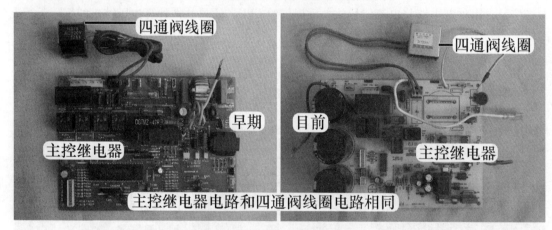

图 3-46 早期和目前的空调器主控继电器电路和四通阀线圈电路之对比

11. 室外风机电路

室外风机电路见图 3-47，作用是控制室外风机运行。

早期的空调器室外风机一般为 2 档或 3 档风速，因此室外机主板有 2 个或 3 个继电器；目前的空调器室外风机转速一般只有 1 个档位，因此室外机主板只设有 1 个继电器。

> 💡 说明：目前空调器部分品牌的机型也有使用 2 档或 3 档风速的室外风机；如果为全直流变频空调器，室外风机供电为直流 300V，不再使用继电器。

12. 6 路信号电路

6 路信号电路见图 3-48，**6 路信号由室外机 CPU 输出，通过控制模块内部 6 个 IGBT 开关管的导通与截止，将直流 300V 电转换为频率与电压均可调的模拟三相交流电，驱动压缩机运行。**

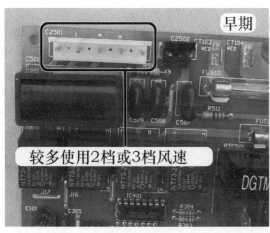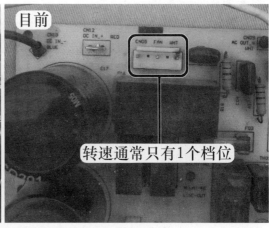

图 3-47　早期和目前的空调器室外风机电路之对比

　　早期主板 CPU 输出的 6 路信号不能直接驱动模块，需要使用光耦合器传递，因此模块与室外机 CPU 通常设计在两块电路板上，中间通过连接线连接。

　　目前主板 CPU 输出的 6 路信号可以直接驱动模块，因此通常做到一块电路板上，不再使用连接线和光耦合器。

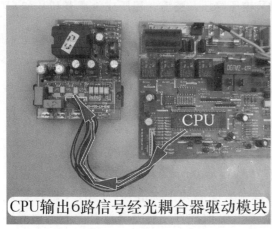

图 3-48　早期和目前的空调器 6 路信号电路之对比

第四章

变频空调器电源电路和CPU三要素电路

电源电路和 CPU 三要素电路是主板正常工作的前提，并且电源电路在实际维修中故障率较高。

―――――― ·第一节　室内机电源电路· ――――――

一、海信 KFR-2601GW/BP 室内机电源电路

1. 作用

电源电路简图见图 4-1，**作用是将交流 220V 电压降压、整流、稳压成为直流 12V 和 5V 为主板供电。**本机使用变压器降压型电源电路。

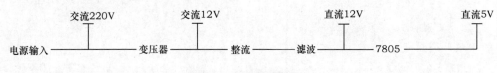

图 4-1　电源电路简图

2. 工作原理

图 4-2 为电源电路原理图，图 4-3 为实物图。

电容 C502 为高频旁路电容，用以旁路电源引入的高频干扰信号。F504（熔丝管）、ZE503（压敏电阻）组成过电压保护电路，输入电压正常时，对电路没有影响；而当输入电压过高时，ZE503 迅速击穿，将前端 F504 熔断，从而保护主板后级电路免受损坏。

T1（变压器）、D101 ~ D104（整流二极管）、E101（滤波电容）、C102（瓷片电容）组成降压、整流、滤波电路，电源输入交流 220V 在 L 端经主控继电器触点直接送到变压器一次绕组插座、N 端经熔丝管送到变压器一次绕组插座，变压器 T1 将交流 220V 降低至交流 12.5V 从二次绕组输出，送至由 D101 ~ D104 组成的桥式整流电路，变为脉动直流电（其中含有交流成分），经 E101 滤波，滤除其中的交流成分，成为纯净的直流约 12V 电压，为反相驱动器、继电器线圈等 12V 负载供电。

IC101（7805）、E102、C103 组成 5V 电压产生电路。IC101 为三端稳压块，输入端为直流 12V，经 IC101 内部电路稳压，输出端输出稳定的 5V 电压，为 CPU、接收器等 5V 负载供电。

💡 **说明：** 本机未设计 7812 三端稳压块，因此直流 12V 电压实测为直流 11 ~ 16V，随输入的交流 220V 电压变化而变化。

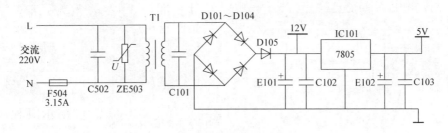

图 4-2　电源电路原理图

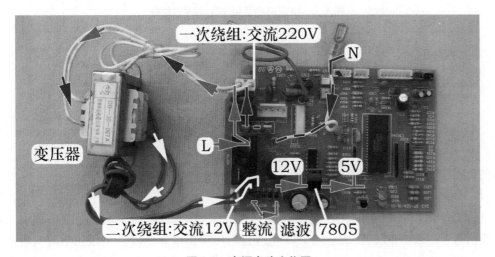

图 4-3　电源电路实物图

3. 电源电路负载

（1）直流 12V

直流 12V 负载见图 4-4 左图，主要有 5 条支路：①供 5V 电压产生电路 7805 稳压块的输入端；②供 2003 反相驱动器；③供蜂鸣器；④供主控继电器；⑤供步进电机。

（2）直流 5V

直流 5V 负载见图 4-4 右图，主要有 7 条支路：①供 CPU；②供复位电路；③供霍尔反馈插座；④供传感器电路；⑤供显示板组件上的指示灯和接收器；⑥供光耦合器晶闸管；⑦供通信电路光耦合器和其他弱信号处理电路。

二、海信 KFR-26GW/11BP 室内机开关电源电路

1. 作用

电源电路的作用是将交流 220V 电压转换为直流 12V 和 5V 为主板供电，本机使用开关电源型电源电路。图 4-5 为室内机开关电源电路简图。

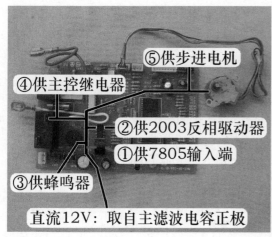
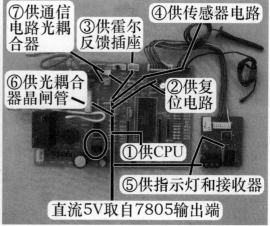

⑤供步进电机
④供主控继电器
②供2003反相驱动器
①供7805输入端
③供蜂鸣器
直流12V：取自主滤波电容正极

⑦供通信电路光耦合器
③供霍尔反馈插座
④供传感器电路
⑥供光耦合器晶闸管
②供复位电路
①供CPU
⑤供指示灯和接收器
直流5V取自7805输出端

图 4-4　电源电路直流 12V 和 5V 负载

图 4-5　室内机开关电源电路简图

2．工作原理

图 4-6 为开关电源电路原理图，图 4-7 为实物图。

（1）交流滤波电路

电容 C33 为高频旁路电容，与滤波电感 L6 组成 LC 振荡电路，用以旁路电源引入的高频干扰信号；熔丝管 F1、压敏电阻 VA1 组成过电压保护电路，输入电压正常时对电路没有影响，而当输入电压过高时，VA1 迅速击穿，将前端 F1 熔断，从而保护主板后级电路免受损坏。

交流 220V 电压经过滤波后，其中一路分支送至开关电源电路，经过由压敏电阻 VA2、扼流圈 L5、电容 C38 组成的 LC 振荡电路，使输入的交流 220V 电压更加纯净。

（2）整流滤波电路

二极管 D1 ~ D4 组成桥式整流电路，将交流 220V 电压整流成为直流 300V 电压，电容 C36 滤除其中的交流成分，变为纯净的直流 300V 电压。

（3）开关振荡电路

本电路为反激式开关电源电路，特点是 U6 内置振荡器和场效应晶体管，振荡开关频率固定，通过改变脉冲宽度来调整占空比。因为开关频率固定，所以设计电路相对简单，但是受功率开关管最小导通时间限制，对输出电压不能做宽范围调节。由于采用反激式开关方式，电网的干扰就不能经开关变压器直接耦合至二次绕组，具有较好的抗干扰能力。

直流 300V 电压正极经开关变压器一次绕组接集成电路 U6 内部开关管的漏极 D，负极接开关管源极 S。高频开关变压器 T1 一次绕组与二次绕组极性相反，U6 内部开关管导通时一次绕组存储能量，二次绕组因整流二极管 D12 承受反向电压而截止，相当于开路；U6 内部开关管截止时，T1 一次绕组极性变换，二次绕组极性同样变换，D12 正向偏置导通，一次绕组向二次绕组释放能量。

U6 内部开关管交替导通与截止，开关变压器二次绕组得到高频脉冲电压，经 D12 整流，电容 C4、C30、C40 和电感 L3 滤波，成为纯净的直流 12V 电压为主板 12V 负载供电；其中一个支路送至 U4（7805）的①脚输入端，经内部电路稳压后在③脚输出端输出稳定的直流 5V 电压，为主板 5V 负载供电。

R2、D5、R5、C34 组成钳位保护电路，吸收开关管截止时加在漏极上的尖峰电压，并将其降至一定的范围之内，防止过电压损坏开关管。

C39 为旁路电容，实现高频滤波和能量储存，在开关管截止时为 U6 提供工作电压，由于容量仅为 0.1μF，因此 U6 上电时迅速启动并使输出电压不会过高。

电阻 R8 为输入电压检测电阻，开关电源电路在输入电压高于 100V 时，U6 才能工作。如果 R8 阻值发生变化，将导致 U6 欠电压阈值发生变化，出现开关电源不能正常工作的故障。

（4）稳压电路

稳压电路采用脉宽调制方式，由电阻 R23、11V 稳压管 D13、光耦合器 PC4 和 U6 的④脚（EN/UV）组成。如因输入电压升高或负载发生变化引起直流 12V 电压升高，由于稳压管 D13 的作用，电阻 R23 两端电压升高，相当于光耦合器 PC4 初级发光二极管两端电压上升，光耦合器次级光敏晶体管导通能力增强，U6 的④脚电压下降，通过减少开关管的占空比，使开关管导通时间缩短而截止时间延长，开关变压器储存的能量变少，输出电压也随之下降。如直流 12V 输出电压降低，光耦合器次级导通能力下降，U6 的④脚电压上升，增加了开关管的占空比，开关变压器储存能量增加，输出电压也随之升高。

（5）输出电压直流 12V

输出电压直流 12V 的高低，由稳压管 D13 稳压值（11V）和光耦合器 PC4 初级发光二极管的电压降（约 1V）共同设定。正常工作时实测稳压管 D13 两端电压为 10.5V，光耦合器 PC4 初级两端电压为 1V，输出电压为直流 11.5V。

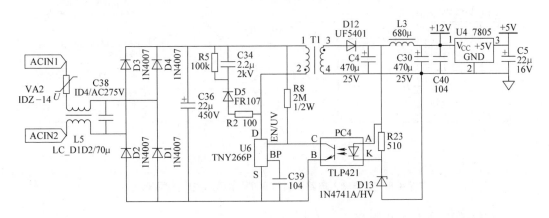

图 4-6 开关电源电路原理图

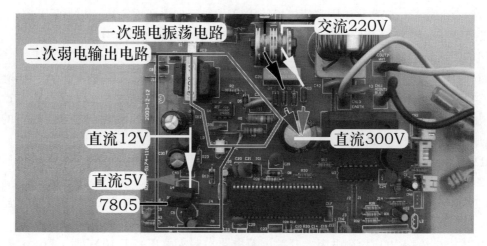

图 4-7　开关电源电路实物图

·第二节　室外机开关电源电路·

一、海信 KFR-2601GW/BP 室外机开关电源电路

1. 交流输入电路

图 4-8 为交流输入电路和直流 300V 电压形成电路原理图，图 4-9 为交流输入电路实物图。

压敏电阻 Z102 为过电压保护元件，当输入的电网电压过高时击穿，使前端 20A 熔丝管熔断进行保护；SA01、Z101 组成防雷击保护电路，SA01 为放电管；C104、L101、C107、C106、C105 组成交流滤波电路，具有双向作用，既能吸收电网中的谐波，防止对电控系统的干扰，又能防止电控系统的谐波进入电网。

常见故障为交流滤波电感 L101 焊点开路，交流 220V 电压不能输送至后级，造成室外机上电无反应故障，室内机主板报出"通信故障"的故障代码。

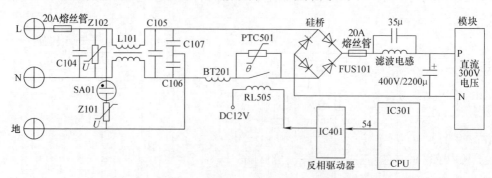

图 4-8　交流输入电路和直流 300V 电压形成电路原理图

2. 直流 300V 电压形成电路

直流 300V 电压为开关电源电路和模块供电，而模块的输出电压为压缩机供电，因而直

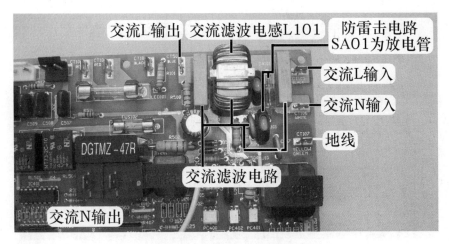

图 4-9　交流输入电路实物图

流 300V 电压间接为压缩机供电，所以直流 300V 电压形成电路工作在大电流状态，电路原理图见图 4-8。

　　该电路的主要元器件为硅桥和滤波电容，硅桥将交流 **220V** 电压整流后变为脉动直流 **300V** 电压，而滤波电容将脉动直流 **300V** 电压经滤波后变为平滑的直流 **300V** 电压为模块供电。滤波电容的容量通常很大（本机容量为 2200μF），上电时如果直接为其充电，初始充电电流会很大，容易造成空调器插头与插座间打火，甚至引起整流硅桥或 20A 熔丝管损坏，因此变频空调器室外机电控系统设有延时防瞬间大电流充电电路，本机由 PTC 电阻 PTC501、主控继电器 RL505 组成。

　　直流 300V 电压形成电路工作时分为两个部分：第一部分为初始充电电路；第二部分为正常运行电路。

　　（1）初始充电

　　初始充电时工作流程见图 4-10。

　　室内机主板主控继电器触点吸合为室外机供电时，交流 220V 电压经 L 端由交流滤波电感 L101 直接送至硅桥交流输入端，经 N 端由电流检测变压器一次绕组至延时防瞬间大电流充电电路，**由于主控继电器触点为断开状态，因此电压由 N 端经 PTC 电阻送至硅桥交流输入端。**

　　PTC 电阻为正温度系数热敏电阻，阻值随温度上升而上升，刚上电时充电电流使 PTC 电阻温度迅速升高，阻值也随之增加，限制了滤波电容的充电电流，两端电压逐步上升至直流 300V，防止了由于充电电流过大而损坏空调器的情况出现。

> 💡 **说明：** 实际应用中硅桥正极电压经 20A 熔丝管送至滤波电感，且滤波电感并联一个 35μF 电容（组成 LC 振荡电路）。在实物图中为使连接引线的走向简单易懂，将硅桥正极直接接至滤波电感，且将电容省略。

　　（2）正常运行

　　正常运行时工作流程见图 4-11。

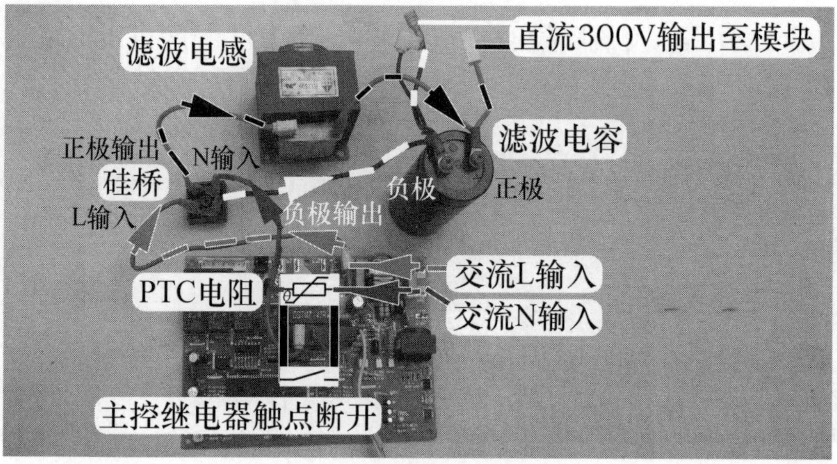

图 4-10　初始充电时工作流程

滤波电容两端的直流 300V 电压一路送到模块的 P、N 端子，一路送到开关电源电路，开关电源开始工作，输出支路中的其中一路输出直流 12V 电压，经 7805 稳压块后变为稳定的直流 5V，为室外机 CPU 供电，在三要素电路的作用下 CPU 开始工作，当检测到室内机主板发送的通信信号后，CPU 的(54)脚输出高电平 5V 电压，经反相驱动器放大，驱动主控继电器 RL505 线圈，线圈得电使得触点闭合，**电压由 N 端经触点直接送至硅桥的交流输入端，PTC 电阻退出充电电路，空调器开始正常运行。**

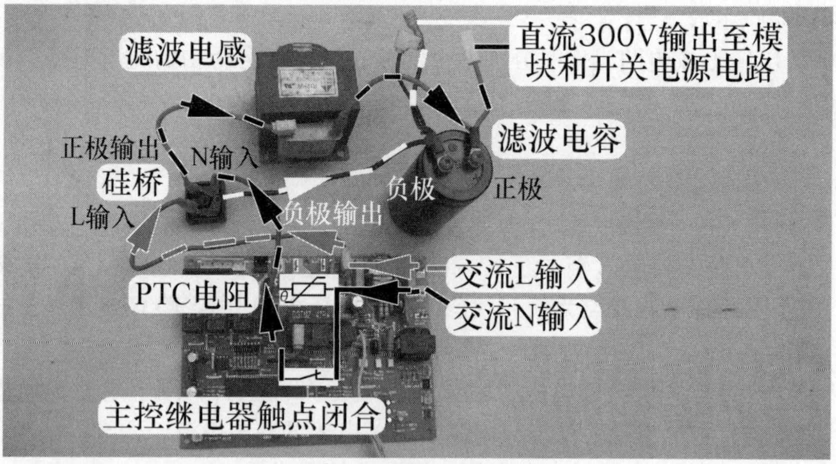

图 4-11　正常运行时工作流程

(3) 主控继电器触点吸合时间

CPU 控制主控继电器触点吸合时，需要接收到室内机主板发送的通信信号，也就是说如果通信电路出现故障，室外机主控继电器触点一直处于断开状态，室外机供电由 PTC 电阻支路提供。如果电路一切正常，室内机主板主控继电器触点吸合，室外机电控系统得到供电，室外机 CPU 延时 5s 才能控制主控继电器触点吸合。

这 5s 内室外机电控系统所做的工作有：第 1 步，为滤波电容充电至正常电压；第 2

步，开关电源开始工作并向室外机主板输出直流 12V 电压，12V 电压经 7805 稳压块输出 5V 电压，CPU 复位开始工作；第 3 步，CPU 检测室内机主板发送的通信信号，如果正常，CPU 的㉔脚才会输出高电平 5V 电压，控制主控继电器触点吸合，如果检测时没有通信信号或者不正常，CPU 的㉔脚一直为低电平，主控继电器触点一直处于断开状态，控制主控继电器触点吸合时不检测室外机 3 个温度传感器输入的信号和压缩机顶盖温度开关的信号，上述 4 个温度信号即使开路或短路，室外机主控继电器触点也会吸合。

> **说明：** 目前的变频空调器室外机电控系统（如海信 KFR-26GW/11BP），室外机从得电到主控继电器触点吸合需要 4s 的时间，并且不检测通信信号和室外机的 4 个温度信号。

3. 开关电源电路

（1）作用

变频空调器室外机的电源电路基本上全部使用开关电源电路，只有早期的极少数机型使用变压器降压电路，本机即采用开关电源电路。开关电源电路实际上也是一个电压转换电路，将直流 300V 电压转换为直流 15V、直流 12V 和直流 5V 为室外机主板和模块供电。图 4-12 为开关电源电路简图与作用。

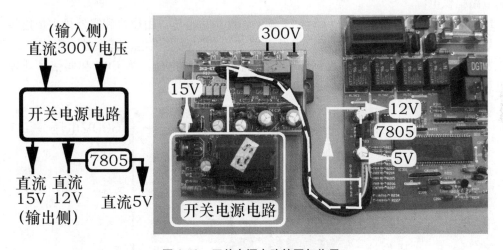

图 4-12　开关电源电路简图与作用

（2）工作原理

开关电源电路原理图见图 3-27，实物图见图 4-13。

由于开关管工作在"开"和"关"两种状态，因此而得名为开关电源。本机电路主要是由开关管 DQ1、开关变压器 BT1 组成的并联型开关电源电路，设计在模块板组件上面，工作时为自激振荡状态，开关管在电路中起着开关和振荡的双重作用，在导通期间开关变压器存储能量，在截止期间开关变压器输送能量，从而起到电压转换的作用；由于负载位于开关变压器二次绕组且工作在反激状态，因此开关电源还具有输入和输出相互隔离的特点。

直流 300V 电压的其中一路通过开关变压器 BT1 的一次供电 5-7 绕组为开关管 DQ1 的集电极供电；一路经启动电阻 R2、R1 送至 DQ1 的基极，为其提供启动电流。DQ1 的集电极电流 I_c 在 5-7 绕组上线性增长，在 10-11 绕组中感应出使 DQ1 的基极为正、发射极为负的正反馈电压，使 DQ1 很快饱和，开关变压器开始存储能量。与此同时，正反馈电压给 E1 充电，随着 E1 充电电压的增高，DQ1 的基极电压逐渐变低，致使其退出饱和区，I_c 开始减小，在 10-11 绕组中感应出使 DQ1 的基极为负、发射极为正的负反馈电压，使 DQ1 迅速截止，BT1 通过二次绕组开始输出能量。在 DQ1 截止时，10-11 绕组中没有感应电压，直流 300V 电压又经 R2、Z1 给 E1 反向充电，逐渐提高 DQ1 的基极电压，使其重新导通，再次翻转达到饱和导通状态，形成自激振荡。

由于开关变压器 BT1 为感性器件，在开关管 DQ1 截止瞬间，BT1 的 5-7 绕组会在开关管的集电极上产生较高的脉冲电压，其尖峰值较大，容易导致开关管过电压损坏，因此电容 C1、二极管 D1、电阻 R3 组成浪涌电压吸收电路，并联在 BT1 的 5-7 绕组，可将开关管截止瞬间产生的尖峰脉冲有效吸收，避免开关管过电压损坏。

开关电源工作后，开关变压器二次绕组输出的电压经整流、滤波形成多种直流电压，14-15 绕组的电压经 D6 整流、E4 滤波形成直流 15V 电压，17-16 绕组的电压经 D5 整流、E5 滤波形成直流 15V 电压，19-18 绕组的电压经 D4 整流、E6 滤波形成直流 15V 电压，12-13 绕组的电压经 D7 整流、E3 滤波形成直流 15V 电压，这 4 路直流 15V 电压为模块内部控制电路提供电源。

1-2 绕组的电压经 D3 整流、E2 滤波形成直流 12V 电压，由模块和室外机主板连接线中的 2 号和 4 号线输送至室外机主板，为继电器和反相驱动器供电，其中的一个支路为 7805 稳压块的①脚输入端供电，其③脚输出端输出稳定的 5V 电压，为 CPU 和弱信号处理电路供电。

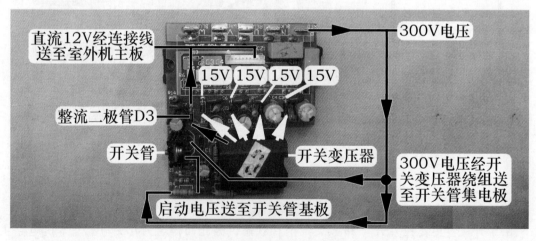

图 4-13　开关电源电路实物图

4. 开关电源负载

（1）直流 15V

模块内部控制电路的工作电压为直流 15V，开关电源输出的直流 15V 电压主要供给模块。模块 15V 供电分为 2 种类型：早期的模块通常需要 4 路直流 15V 电压，见图 4-14；目前的模块通常为 1 路（也就是单电源直流 15V）。

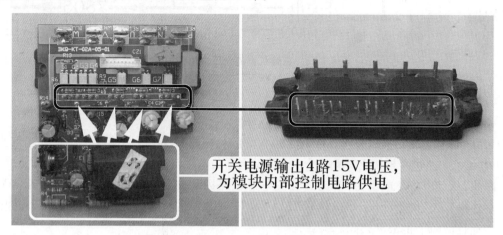

图 4-14　开关电源直流 15V 负载

（2）直流 12V

直流 12V 负载见图 4-15 中黑线箭头，主要供给室外机主板上的继电器、反相驱动器等器件，5V 电压产生电路 7805 稳压块的①脚输入端电压也取自直流 12V。

（3）直流 5V

直流 5V 负载见图 4-15 中白线箭头，主要供给 CPU、复位电路、存储器电路、传感器电路、通信电路、电压检测电路、电流检测电路等弱电信号处理电路。

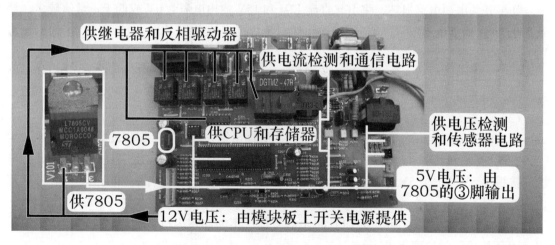

图 4-15　开关电源直流 12V 和 5V 负载

5. 室外机关键点电压

变频空调器室外机有多种电压，以适应不同的电路，在检修通信故障或室外机不运行故障时，应首先测量直流 300V 电压和直流 5V 电压，如电压均正常，才能检查通信电路元器件，如电压不正常，应检查故障原因，查明后通信故障一般也会自动排除。图 4-16 为室外机直流电压供电简图。

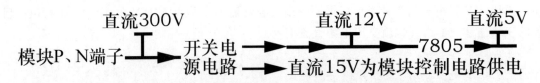

图 4-16　室外机直流电压供电简图

（1）直流 300V 电压

测量时表笔接滤波电容两端或模块 P、N 端子。

交流 220V 电压经硅桥整流、滤波电感和滤波电容组成 LC 电路滤波，产生纯净的直流 300V 电压，一路供至模块 P、N 端子，一路供至开关电源电路。

因此，直流 300V 电压为 0V 时，开关电源电路因无电源而不能工作，不能输出 5V 电压，室外机 CPU 不能工作，室内机 CPU 因接收不到室外机传送的通信信号，会停止供电并报出"通信故障"的故障代码。

直流 300V 为 0V 的故障一般由 15A（或 20A）供电熔丝管开路、交流滤波电路开路、硅桥击穿、滤波电感线圈引线接触不良、模块击穿引起。

（2）直流 12V 电压

测量时用万用表红表笔接开关电源二次侧的整流二极管正极，黑表笔接地。

直流 300V 电压供至开关电源电路后开始工作，输出两组电压：直流 12V 和直流 15V。其中直流 12V 电压供给继电器、反相驱动器、7805 输入端等；直流 15V 电压供给模块内部控制电路，根据模块型号，开关电源输出 1 路 15V 或 4 路 15V 电压。

如果开关电源电路损坏，将引起直流 12V 和 15V 输出电压为 0V 或低于正常值较多，导致 7805 输入端电压不正常，输出端不能输出 5V 电压，室外机 CPU 不能工作，室内机报出"通信故障"的故障代码。

开关电源电路故障一般为供电熔丝管开路、开关管或开关电源集成电路损坏、启动电阻或检测电阻开路损坏、二次侧整流二极管损坏等。

（3）直流 5V 电压

测量时用万用表红表笔接 7805 稳压块的③脚输出端、黑表笔接②脚地。

直流 5V 电压由开关电源输出的直流 12V 电压经 7805 的③脚输出端提供，因此开关电源间接提供 5V 电压，5V 电压主要供给室外机 CPU、存储器、传感器电路等弱信号处理电路。

如果 5V 电压为 0V，室外机 CPU 将不能工作，不能向室内机传送通信信号，室内机报出"通信故障"的故障代码。

5V 电压为 0V 的原因一般为开关电源电路损坏、7805 损坏。

二、海信 KFR-26GW/11BP 室外机开关电源电路

1. 工作原理

图 4-17 为开关电源电路原理图，图 4-18 为实物图，**作用是为室外机主板和模块板提供直流 15V、12V 和 5V 电压。**

（1）直流 300V 电压

交流滤波电感、PTC 电阻、主控继电器触点、硅桥、滤波电感和滤波电容组成直流 300V 电压产生电路，输出的直流 300V 电压主要为模块 P、N 端子供电，开关电源工作所需的直流 300V 电压就是取自模块 P、N 端子。

模块输出供电，使压缩机工作，处于低频运行时模块 P、N 端子电压约为直流 300V；压缩机如升频运行，P、N 端子电压会逐步下降，压缩机在最高频率运行时 P、N 端子电压实测约为直流 240V，因此室外机开关电源供电在直流 240～300V 之间。

（2）开关振荡电路

该电路以 VIPer22A 开关振荡集成电路（主板代号 IC01）为核心，内置振荡电路和场效应晶体管，振荡开关频率固定，通过改变脉冲宽度来调整占空比。它采用反激式开关方式，电网的干扰就不能经开关变压器直接耦合至二次绕组，具有较好的抗干扰能力。

直流 300V 电压正极经开关变压器一次供电绕组送至集成电路 IC01 的⑤～⑧脚，接内部开关管漏极 D；负极接 IC01 的①、②脚即内部开关管源极 S。IC01 内部振荡器开始工作，驱动开关管的导通与截止，由于开关变压器 T01 一次供电绕组与二次绕组极性相反，IC01 内部开关管导通时一次绕组存储能量，二次绕组因整流二极管 D03、D04 承受反向电压而截止，相当于开路；U6 内部开关管截止时，T01 一次绕组极性变换，二次绕组极性同样变换，D03、D04 正向偏置导通，一次绕组向二次绕组释放能量。

ZD01、D01 组成钳位保护电路，吸收开关管截止时加在漏极上的尖峰电压，并将其降至一定的范围之内，防止过电压损坏开关管。

开关变压器一次反馈绕组的感应电压经二极管 D02 整流、电阻 R08 限流、电容 C03 滤波，得到约为直流 20V 电压，为 IC01 的④脚内部电路供电。

（3）输出部分电路

IC01 内部开关管交替导通与截止，开关变压器二次绕组得到高频脉冲电压。一路经 D03 整流，电容 C06、C23 滤波，成为纯净的直流 15V 电压，经连接线送至模块板，为模块内部控制电路和驱动电路供电。另一路经 D04 整流，电容 C07、C08、C11 和电感 L01 滤波，成为纯净的直流 12V 电压，为室外机主板的继电器和反相驱动器供电；其中一个支路送至 7805 的①脚输入端，其③脚输出端输出稳定的 5V 电压，由 C24、C25 滤波后，经连接线送至模块板，为模块板上的 CPU 和弱电信号处理电路供电。

注意： 本机使用单电源功率模块（型号为三洋 STK621-031），因此开关电源只输出一路直流 15V 电压；而海信 KFR-2601GW/BP 使用三菱第二代模块，需要 4 路相互隔离的直流 15V 电压，因此其室外机开关电源电路输出 4 路直流 15V 电压。

（4）稳压电路

稳压电路采用脉宽调制方式，由分压精密电阻 R06 和 R07、三端误差放大器 IC04（TL431）、光耦合器 PC01 和 IC01 的③脚组成。

如因输入电压升高或负载发生变化引起直流 12V 电压升高，分压电阻 R06 和 R07 的分压点电压升高，TL431 的①脚参考极电压也相应升高，内部晶体管导通能力加强，TL431 的③脚阴极电压降低，光耦合器 PC01 初级两端电压上升，使得次级光敏晶体管导通能力加强，IC01 的③脚电压上升，IC01 通过减少开关管的占空比，开关管导通时间缩短而截止时间延长，开关变压器储存的能量变小，输出电压也随之下降。

如直流 12V 输出电压降低，TL431 的①脚参考极电压降低，内部晶体管导通能力变弱，TL431 的③脚阴极电压升高，光耦合器 PC01 初级发光二极管两端电压降低，次级光敏晶体管导通能力下降，IC01 的③脚电压下降，IC01 通过增加开关管的占空比，开关变压器储存能量增加，输出电压也随之升高。

（5）输出电压直流 12V

输出电压直流 12V 的高低，由分压电阻 R06 和 R07 的阻值决定，调整分压电阻阻值即可改变直流 12V 输出端电压，直流 15V 也作相应变化。

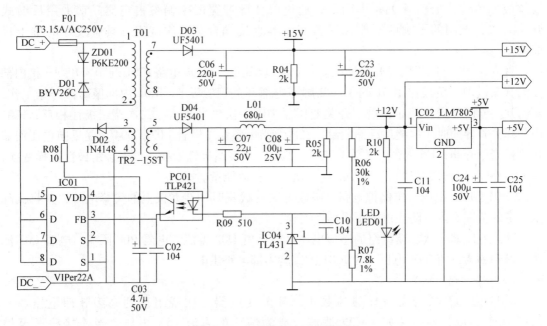

图 4-17　开关电源电路原理图

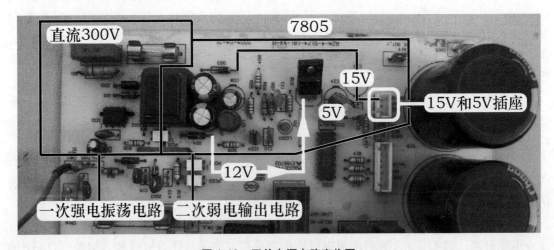

图 4-18　开关电源电路实物图

2. 电源电路负载

（1）直流 12V

直流 12V 主要有 3 个支路：①5V 电压产生电路 7805 稳压块的输入端；②2003 反相驱动器；③继电器线圈，见图 4-19 左图。

（2）直流 15V

直流 15V 主要为模块内部控制电路供电，见图 4-19 右图中黑线。

（3）直流 5V

直流 5V 主要有 6 个支路：①CPU；②复位电路；③传感器电路；④存储器电路；⑤通信电路光耦合器；⑥其他弱电信号处理电路，见图 4-19 右图中白线。

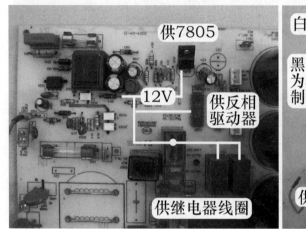
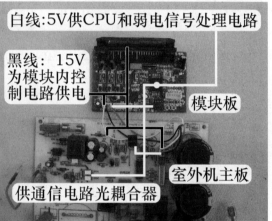

图 4-19　开关电源电路负载

·第三节　CPU 三要素电路·

CPU 是主板上体积最大、引脚最多的元器件。CPU 是一个大规模的集成电路，电控系统的控制中心，内部写入了运行程序。现在主板 CPU 的引脚功能都是空调器厂家结合软件来确定的，也就是说同一型号的 CPU 在不同空调器厂家主板上引脚作用是不一样的。

一、海信 KFR-2601GW/BP 室内机 CPU 三要素电路

室内机 CPU 的作用是接收使用者的操作指令，结合室内环温、管温传感器等输入部分电路的信号进行运算和比较，确定运行模式（如制冷、制热、除湿、送风），通过通信电路传送至室外机主板 CPU，间接控制压缩机、室外风机、四通阀线圈等部件，使空调器按使用者的意愿工作。

1. CPU 简介

海信 KFR-2601GW/BP 室内机 CPU 型号为东芝 TMP47P840VN，主板代号 IC302，共有 42 个引脚，图 4-20 为其安装位置和实物外形，表 4-1 为其主要引脚功能。

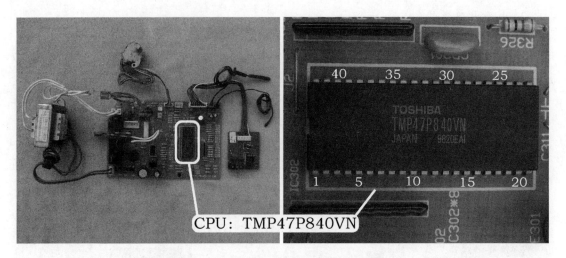

图 4-20　TMP47P840VN 安装位置和实物外形

表 4-1　TMP47P840VN 主要引脚功能

引　　脚	功　　能	说　　明
㊷	电源	CPU 三要素电路
㉑	地	
㉛、㉜	晶振	
㉝	复位	
㉗	通信信号接收	通信电路
㉒	通信信号发送	
④	室内管温输入	输入部分电路
⑤	室内环温输入	
㉙	应急开关输入	
㉗	遥控信号输入	
㉟	过零信号输入	
㉞	霍尔反馈输入	
指示灯：⑰（电源）、⑱（定时）、⑲（运行）、⑳（高效）		
㉘~㊶	步进电机	输出部分电路
㊱	蜂鸣器	
㉓	PG 电机	
㉕	主控继电器	

2. CPU 三要素电路工作原理

图 4-21 为 CPU 三要素电路原理图，图 4-22 为实物图。电源、复位、时钟振荡电路称为 CPU 三要素电路，是 CPU 正常工作的前提，缺一不可，否则会死机，引起空调器上电后室内机主板无反应的故障。

（1）电源电路

CPU 的㊷脚是电源供电引脚，由 7805 的③脚输出端直接供电。

CPU 的㉑脚为接地引脚，和 7805 的②脚相连。

（2）复位电路

复位电路将内部程序处于初始状态。CPU 的㉝脚为复位引脚，外围元器件 IC301（MC34064）、R313、C312、D301 组成低电平复位电路。

开机瞬间，直流 5V 电压在滤波电容的作用下逐渐升高，当电压低于 4.6V 时，IC301 的①脚为低电平信号，加至 CPU 的㉝脚，使 CPU 内部电路清零复位；当电压高于 4.6V 时，IC301 的①脚信号变为高电平，加至 CPU 的㉝脚，使其内部电路复位结束，开始工作。

（3）时钟振荡电路

时钟振荡电路提供时钟频率。CPU 的㉛、㉜为时钟引脚，内部的振荡器电路和外接的晶振 CR301 组成时钟振荡电路，提供稳定的 6MHz 时钟信号，使 CPU 能够连续执行指令。

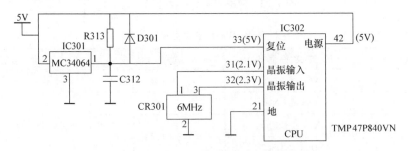

图 4-21　CPU 三要素电路原理图

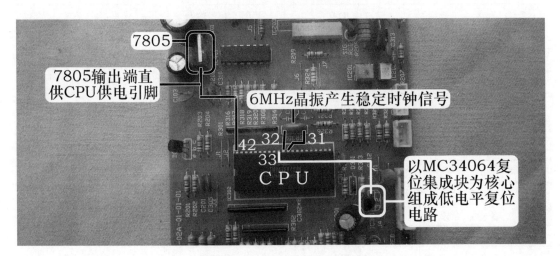

图 4-22　CPU 三要素电路实物图

二、海信 KFR-26GW/11BP 室内机 CPU 三要素电路

1. CPU 简介

海信 KFR-26GW/11BP 室内机 CPU 型号为 MB89P475，见图 4-23，主板代号 U1，共有 48 个引脚，表 4-2 为其主要引脚功能。

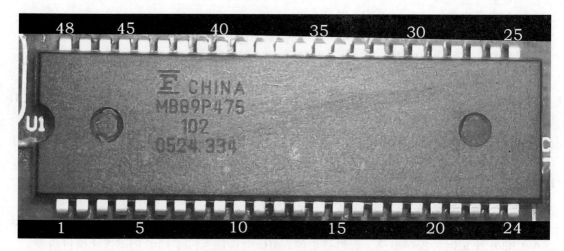

图 4-23　MB89P475 实物外形

表 4-2　MB89P475 主要引脚功能

引　脚	英文符号	功　能	说　明
㊲、㉒	VCC 或 VDD	电源	CPU 三要素电路
①、㉑	VSS 或 GND	地	
㊼	XIN 或 OSC1	8MHz 晶振	
㊽	XOUT 或 OSC2		
㊹	RESET	复位	
㊶	SI 或 RXD	通信信号输入	通信电路
㊷	SO 或 TXD	通信信号输出	
⑲	ROOM	室内管温输入	输入部分电路
⑳	COIL	室内环温输入	
⑪	SPEED	应急开关输入	
⑫		遥控信号输入	
⑩	ZERO	过零信号输入	
⑨		霍尔反馈输入	
指示灯：㉙高效（红）、㉚运行（蓝）、㉛定时（绿）、㉜电源（红）、㉝电源（绿）			输出部分电路
㉓~㉖	FLAP	步进电机	
㉞	BUZZ	蜂鸣器	
㊴	FAN-DRV	PG 电机	
㉗		主控继电器	

注：②、④~⑧、⑬~⑱、㉘、㉟、㊱、㊳、㊵、㊸、㊺脚均为空脚。

2. CPU 三要素电路工作原理

图 4-24 为 CPU 三要素电路原理图，图 4-25 为实物图。电源、复位、时钟振荡电路称为三要素电路，是 CPU 正常工作的前提，缺一不可，否则会死机，引起空调器上电后室内机

主板无反应的故障。

（1）电源电路

CPU 的㊲脚是电源供电引脚，电压由 7805 的③脚输出端直接供给。

CPU 的㊻脚为接地引脚，和 7805 的②脚相连。

（2）复位电路

复位电路使内部程序处于初始状态。CPU 的㊹脚为复位引脚，外围元器件 IC1（HT7044A）、R26、C35、C201、D8 组成低电平复位电路。开机瞬间，直流 5V 电压在滤波电容的作用下逐渐升高，当电压低于 4.6V 时，IC1 的①脚为低电平约 0V，加至㊹脚，使 CPU 内部电路清零复位；当电压高于 4.6V 时，IC1 的①脚变为高电平 5V，加至 CPU 的㊹脚，使其内部电路复位结束，开始工作。电容 C35 用来调整复位时间。

（3）时钟振荡电路

时钟振荡电路提供时钟频率。CPU 的㊼、㊽为时钟引脚，内部振荡器电路与外接的晶振 CR1 组成时钟振荡电路，提供稳定的 8MHz 时钟信号，使 CPU 能够连续执行指令。

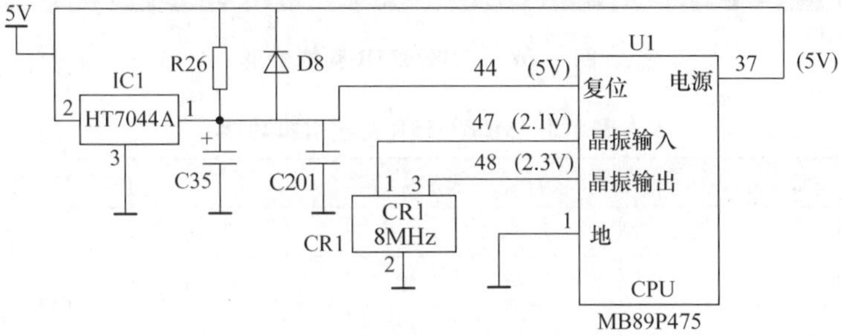

图 4-24　CPU 三要素电路原理图

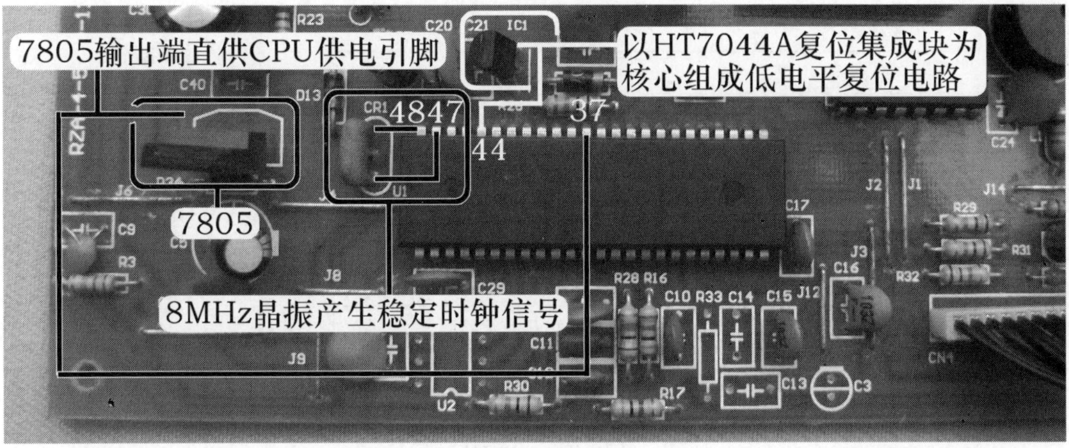

图 4-25　CPU 三要素电路实物图

三、海信 KFR-2601GW/BP 室外机 CPU 三要素电路

室外机 CPU 工作时与室内机 CPU 交换信息，并结合温度、电压、电流等输入部分的信号，处理后输出 6 路信号驱动模块控制压缩机运行，输出电压驱动继电器对室外风机和四通

阀线圈进行控制，并控制指示灯显示室外机的运行状态。

1. CPU 简介

海信空调器 KFR-2601GW/BP 室外机 CPU 型号为 MB89855R，主板代号 IC301，共有 64 个引脚，图 4-26 为其实物外形，表 4-3 为其主要引脚功能。

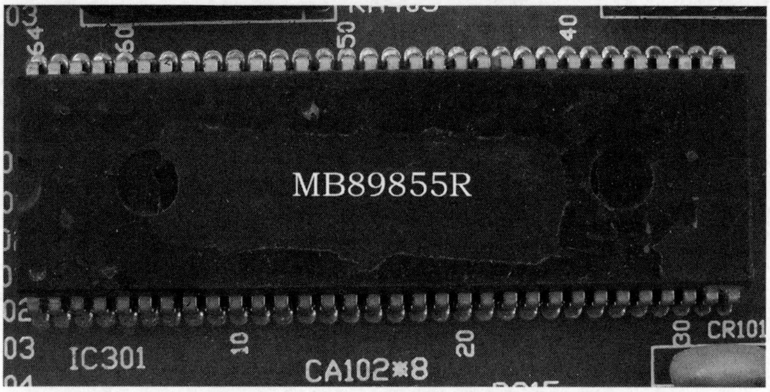

图 4-26　MB89855R 实物外形

表 4-3　MB89855R 主要引脚功能

<table>
<tr><th>引　脚</th><th>功　能</th><th>说　明</th></tr>
<tr><td>(64)</td><td>电源</td><td rowspan="4">CPU 三要素电路</td></tr>
<tr><td>㉜</td><td>地</td></tr>
<tr><td>㉚、㉛</td><td>晶振</td></tr>
<tr><td>㉗</td><td>复位</td></tr>
<tr><td>(60)、(61)、(62)、(63)</td><td>存储器与 CPU 交换数据</td><td>存储器电路</td></tr>
<tr><td>㉖</td><td>接收信号</td><td rowspan="2">通信电路</td></tr>
<tr><td>㊾</td><td>发送信号</td></tr>
<tr><td>⑭</td><td>室外环温传感器输入</td><td rowspan="9">输入部分电路</td></tr>
<tr><td>⑮</td><td>室外盘管传感器输入</td></tr>
<tr><td>⑯</td><td>压缩机排气温度传感器输入</td></tr>
<tr><td>㉔</td><td>压缩机顶盖温度开关</td></tr>
<tr><td>⑰</td><td>过/欠电压检测</td></tr>
<tr><td>㉓</td><td>市电电压有无检测</td></tr>
<tr><td>⑱</td><td>电流检测</td></tr>
<tr><td>㊻、㊼</td><td>应急检测</td></tr>
<tr><td>㉒</td><td>模块保护信号输入</td></tr>
<tr><td>④、⑤、⑥、⑦、⑧、⑨</td><td>模块 6 路信号输出</td><td rowspan="4">输出部分电路</td></tr>
<tr><td>(54)</td><td>主控继电器</td></tr>
<tr><td>(55)</td><td>四通阀线圈</td></tr>
<tr><td>(56)、(58)、(59)</td><td>室外风机</td></tr>
</table>

2. CPU 三要素电路工作原理

图 4-27 为 CPU 三要素电路原理图，图 4-28 为实物图。电源、复位、时钟振荡电路称为 CPU 三要素电路，是 CPU 正常工作的前提，缺一不可，否则会死机，引起空调器上电后室外机主板无反应的故障。

（1）电源电路

CPU 的㉔脚是电源供电引脚，电压由 7805 的③脚输出端直接供给。

CPU 的㉜脚为接地引脚，和 7805 的②脚相连。

（2）复位电路

复位电路使内部程序处于初始状态。CPU 的㉗脚为复位引脚，外围元器件 IC302（MC34064）、R302、C302 组成低电平复位电路。

开机瞬间，直流 5V 电压在滤波电容的作用下逐渐升高，当电压低于 4.6V 时，IC302 的①脚电压为低电平，加至 CPU 的 ㉗脚，使 CPU 内部电路清零复位；当电压高于 4.6V 时，IC302 的①脚电压变为高电平，加至 CPU 的㉗脚，使其内部电路复位结束，开始工作。电容 C302 用于调节复位延时时间。

（3）时钟振荡电路

时钟振荡电路提供时钟频率。CPU 的㉚、㉛脚为时钟引脚，内部的振荡器电路与外接的晶振 CR101 组成时钟振荡电路，提供稳定的 10MHz 时钟信号，使 CPU 能够连续执行指令。

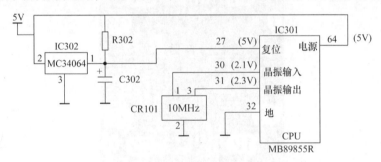

图 4-27　CPU 三要素电路原理图

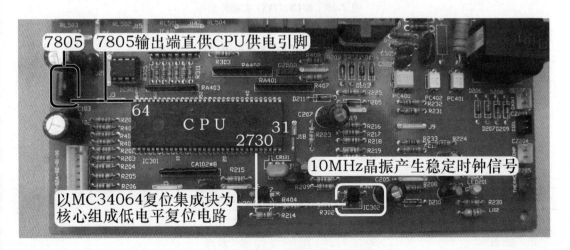

图 4-28　CPU 三要素电路实物图

四、海信 KFR-26GW/11BP 室外机 CPU 三要素电路

1. CPU 简介

海信 KFR-26GW/11BP 室外机 CPU 型号为 88CH47FG，主板代号 IC7，共有 44 个引脚在四面引出，采用贴片封装。图 4-29 为 88CH47FG 实物外形，表 4-4 为其主要引脚功能。

本机 CPU 安装在模块板上面，相应的弱电信号处理电路也设计在模块板上面，主要原因是模块内部的驱动电路改用专用芯片，无需绝缘光耦合器，可直接接收 CPU 输出的控制信号。

> 💡 说明：早期模块如三菱 PM20CTM060，使用在海信 KFR-2601GW/BP 等机型中，内部的驱动电路不能直接接收 CPU 输出的控制信号，信号传递需要使用光耦合器，因此 CPU 和模块设计在两块电路板上面，CPU 安装在室外机主板，模块和光耦合器整合为模块板。

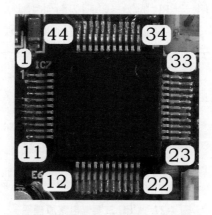

图 4-29　88CH47FG 实物外形

表 4-4　88CH47FG 主要引脚功能

引　　脚	英 文 符 号	功　　能	说　　明
㊴	VDD	电源	CPU 三要素电路
⑯	VSS	地	
⑭	OSC1	16MHz 晶振	
⑮	OSC2		
⑬	RESET	复位	
④	CS	片选	存储器电路（93C46）
㉔	SCK	时钟	
㉖	SO	命令输出	
㉕	SI	数据输入	

（续）

引　脚	英文符号	功　能	说　明
㉒	SI 或 RXD	接收信号	通信电路
㉓	SO 或 TXD	发送信号	
㉚	GAIKI	室外环温传感器输入	输入部分电路
㉛	COIL	室外管温传感器输入	
㉜	COMP	压缩机排气温度传感器输入	
⑤	THERMO	压缩机顶盖温度开关	
㉝	VT	过/欠电压检测	
㉞	CT	电流检测	
㉟	TEST	应急检测	
②	FO	模块保护信号输入	
㊵~㊽、①	U、V、W、X、Y、Z	模块 6 路信号输出	输出部分电路
⑨		主控继电器	
⑧	SV 或 4V	四通阀线圈	
⑥、⑦	FAN	室外风机	
⑫	LED	指示灯	

2. CPU 三要素电路工作原理

图 4-30 为 CPU 三要素电路原理图，图 4-31 为实物图。电源、复位、时钟振荡电路称为三要素电路，是 CPU 正常工作的前提，缺一不可，否则会死机，引起空调器上电后室外机主板无反应的故障。

（1）电源电路

开关电源电路设计在室外机主板，直流 5V 和 15V 电压由三芯连接线通过插座 CN4 为模块板供电。CN4 的 1 针接红线为 5V，2 针接黑线为地，3 针接白线为 15V。

CPU 的㊴脚是电源供电引脚，供电由 CN4 的 1 针直接提供。

CPU 的⑯脚为接地引脚，和 CN4 的 2 针相连。

（2）复位电路

复位电路使内部程序处于初始状态。本机未使用复位集成电路，而使用简单的 RC 元件组成复位电路。CPU 的⑬脚为复位引脚，电阻 R8 和电容 E6 组成低电平复位电路。

室外机上电，开关电源电路开始工作，直流 5V 电压经电阻 R8 为 E6 充电，开始时 CPU 的⑬脚电压较低，使 CPU 内部电路清零复位；随着充电的进行，E6 电压逐渐上升，当 CPU 的⑬脚电压上升至供电电压 5V 时，CPU 内部电路复位结束开始工作。

（3）时钟振荡电路

时钟振荡电路提供时钟频率。CPU 的⑭、⑮脚为时钟引脚，内部振荡器电路与外接的晶振 CR11 组成时钟振荡电路，提供稳定的 16MHz 时钟信号，使 CPU 能够连续执行指令。

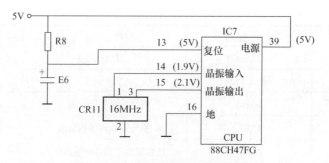

图 4-30 CPU 三要素电路原理图

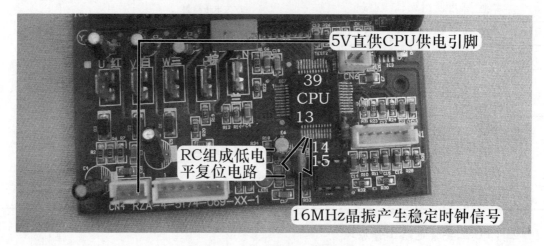

图 4-31 CPU 三要素电路实物图

第五章

变频空调器室内机单元电路

　　本章和第六章以海信 KFR-2601GW/BP 和海信 KFR-2601GW/BP 空调器的室内机与室外机电控系统为基础，介绍变频空调器室内机和室外机电控系统单元电路，分析工作原理、常见故障等相关知识。

> 　　💡 **说明**：海信 KFR-2601GW/BP 为早期变频空调器，选用该机作为本书单元电路的原型机，主要原因如下：
>
> 　　① 室内机和室外机主板为常规设计，图片标注信号流程比较容易，且简单易懂；而目前空调器通常使用贴片元器件，标注信号流程时显示的元器件比较小，不容易查看。
>
> 　　② 早期和目前变频空调器的单元电路作用基本相似。
>
> 　　③ 在本章和第六章介绍单元电路工作原理时，如果海信 KFR-26GW/11BP 的单元电路和海信 KFR-2601GW/BP 相同，则不再进行说明，只以海信 KFR-2601GW/BP 机型介绍；如果单元电路不相同时，则只简单介绍海信 KFR-26GW/11BP 不同的地方。

· 第一节　输入部分电路 ·

一、应急开关电路

1. 工作原理

图 5-1 为应急开关电路原理图，图 5-2 为实物图，**作用是在无遥控器时可以开启或关闭空调器。**

CPU 的㉙脚为应急开关信号输入引脚，正常即应急开关未按下时为高电平直流 5V；在无遥控器时需要开启或关闭空调器，按下应急开关，CPU 的㉙脚为低电平 0V，CPU 根据低电平时间的长短进入各种控制程序。

2. 控制程序

① 按一次应急开关为开机，工作于自动模式；再按一次则关机。

② 待机状态下按下应急开关超过 5s，如室内机 CPU 存储有故障代码，则优先显示；如未存储故障代码，蜂鸣器响 3 声，进入强制制冷状态，运行时不考虑室内环境温度。

③ 应急运行时，如接收到遥控信号，则按遥控信号控制运行。

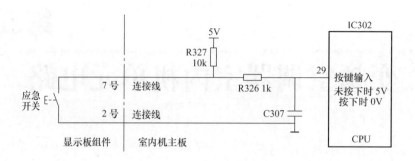

图5-1　应急开关电路原理图

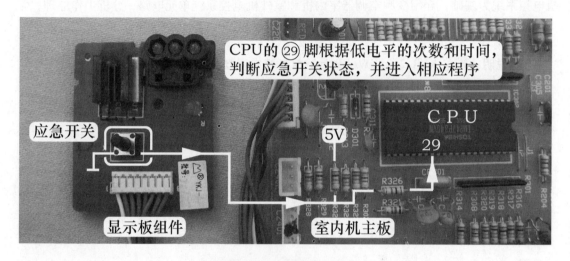

图5-2　应急开关电路实物图

二、遥控器和遥控信号接收电路

1. 遥控器

（1）发射电路工作原理

遥控器由外壳、主板、显示屏、按键和电池组成。主板上的红外信号发射电路最容易损坏出现故障，本小节只详细介绍此部分电路，电路原理图和实物图见图5-3。

遥控器CPU接收到按键信号，进行编码，并将调制信号以38kHz为载波频率，由㉒脚输出，经电阻R4到Q1的基极进行放大，Q1的集电极和发射极导通，红外发射二极管IR1将信号发出，室内机接收器电路接收信号传送至主板CPU，分析出按键信息对整机电路进行控制，使空调器按用户意愿工作。

（2）遥控器检测方法

开启手机摄像功能，见图5-4，将遥控器发射二极管对准手机摄像头，按压按键的同时观察手机屏幕。如果发射二极管发出白光，说明遥控器正常；如一直无白光发出，则可判定遥控器有故障。

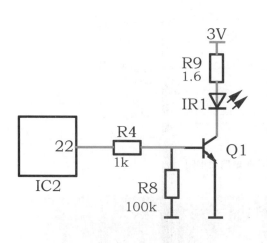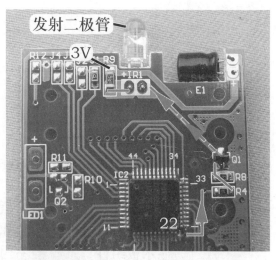

图 5-3　红外信号发射电路原理图和实物图

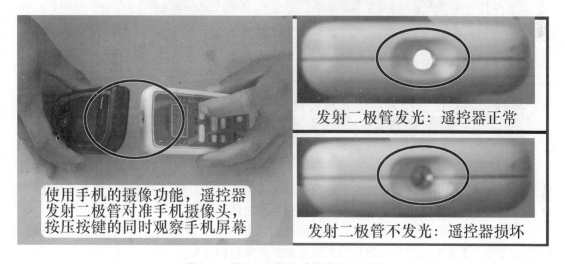

图 5-4　使用手机摄像功能检测遥控器

2. 遥控信号接收电路

图 5-5 为遥控信号接收电路原理图，图 5-6 为实物图，**该电路的作用是处理遥控器发送的信号并送至 CPU 相关引脚。**

遥控器将含有经过编码的调制信号以 38kHz 为载波频率发送至接收器，接收器将光信号转换为电信号，并进行放大、滤波和整形，由 R308 送至 CPU 的�37脚，经 CPU 内部电路解码后得出遥控器的按键信息，从而对电路进行控制；CPU 每次接收到遥控信号后会控制蜂鸣器响一声给予提示。

三、传感器电路

1. 传感器特性

传感器为负温度系数（NTC）热敏电阻，阻值随着温度上升而下降。以型号 25℃/5kΩ

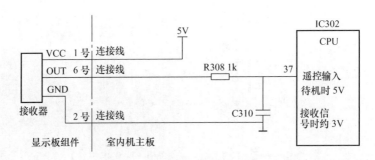

图 5-5　遥控信号接收电路原理图

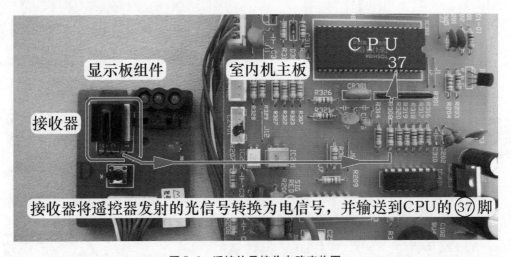

图 5-6　遥控信号接收电路实物图

的传感器为例，测量温度变化时的阻值变化情况：阻值应符合负温度系数热敏电阻变化的特点，如温度变化时阻值不做相应变化，则传感器有故障。

　　图 5-7 左图为降温状态下测量传感器阻值的结果，图 5-7 中图为常温状态下测量传感器阻值的结果，图 5-7 右图为加热状态下测量传感器阻值的结果。

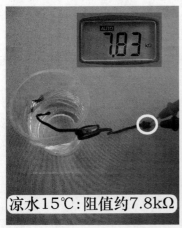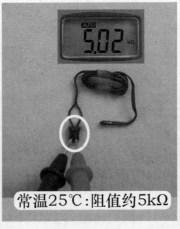

图 5-7　降温、常温、加热 3 种状态下测量传感器

2. 组成与作用

（1）室内环温传感器电路

图 5-8 为室内环温传感器安装位置和实物外形。

① 室内环温传感器在电路中的英文符号为"ROOM"，作用是检测室内房间温度，由室内环温传感器（25℃/5kΩ）和分压电阻 R342（4.7kΩ 精密电阻、1% 误差）等元器件组成。

② 制冷模式，控制室外机停机；制热模式，控制室内机和室外机停机。

③ 和遥控器的设定温度（或应急开关设定温度）组合，决定压缩机的运行频率，基本原则为温差大运行频率高，温差小运行频率低。

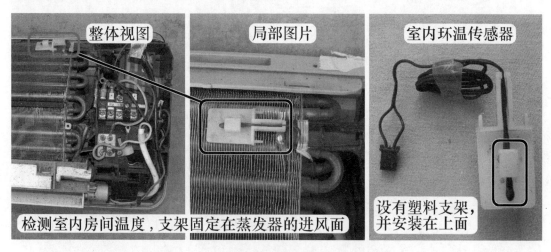

图 5-8 室内环温传感器安装位置和实物外形

（2）室内管温传感器电路

图 5-9 为室内管温传感器安装位置和实物外形。

① 室内管温传感器在电路中的英文符号是"COIL"，作用是检测蒸发器温度，由室内管温传感器（25℃/5kΩ）和分压电阻 R341（4.7kΩ 精密电阻、1% 误差）等元器件组成。

② 制冷模式下防冻结保护，控制压缩机运行频率。室内管温高于 9℃ 时，频率不受约束；低于 7℃ 时，禁升频；低于 3℃ 时，降频；低于 −1℃ 时，压缩机停机。

③ 制热模式下防冷风保护，控制室内风机转速。室内管温低于 23℃ 时，室内风机停机；高于 28℃ 时，低风；高于 32℃ 时，中风；高于 38℃ 时，按设定风速运行。

④ 制热模式下防过载保护，控制压缩机运行频率。室内管温低于 48℃ 时，频率不受约束；高于 63℃ 时，压缩机降频；高于 78℃ 时，控制压缩机停机。

（3）海信 KFR-26GW/11BP 室内环温传感器安装位置

室内机传感器有两个，即环温传感器和管温传感器，图 5-10 为室内环温传感器安装位置和实物外形。

本机的室内环温传感器比较特殊，与常见机型不同，没有安装在蒸发器的进风面，而是直接焊接在显示板组件上面（相对应主板没有室内环温传感器插座），**且实物外形和普通二极管相似**；室内管温传感器与常见机型相同。

3. 工作原理

传感器电路向室内机 CPU 提供室内房间温度和室内蒸发器温度信号。图 5-11 为传感器

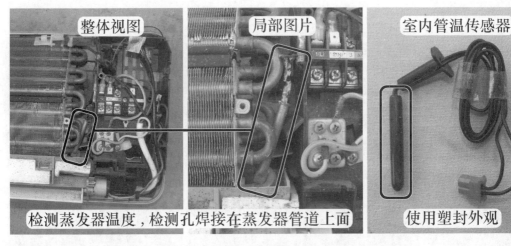

图 5-9　室内管温传感器安装位置和实物外形

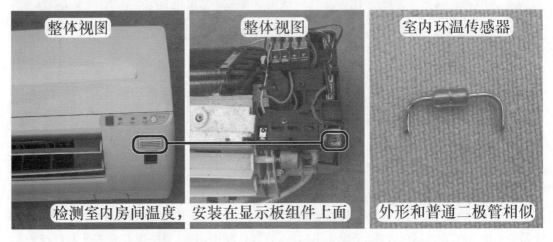

图 5-10　海信 KFR-26GW/11BP 室内环温传感器安装位置和实物外形

电路原理图, 图 5-12 为实物图。

　　室内机 CPU 的⑤脚检测室内环温传感器温度, ④脚检测室内管温传感器温度, 两路传感器工作原理相同, 均为传感器与偏置电阻组成分压电路。传感器为负温度系数热敏电阻, 以室内管温传感器电路为例, 如蒸发器温度由于某种原因升高, 室内管温传感器温度也相应升高, 其阻值变小, 根据分压电路原理, 分压电阻 R341 分得的电压也相应升高, 输送到 CPU 的④脚电压升高, CPU 根据电压值计算得出蒸发器的实际温度, 并与内置的数据相比较, 对电路进行控制。假如在制热模式下, 计算得出的温度高于 78℃, 则控制压缩机停机, 并显示故障代码。

　　室内环温和管温传感器型号相同, 均为 25℃/5kΩ, 分压电阻的阻值也相同, 因此在刚上电未开机时, 室内环温和管温传感器检测的温度基本相同, CPU 的④脚和⑤脚电压也基本相等, 传感器插座分压点引针电压也基本相同, 房间温度在 25℃时电压约为 2.4V。

　　在实际检修中, 室内管温传感器由于检测温度跨度特别大, 损坏的可能性远大于室内环温传感器，许多保护动作都是由它引起的，所以在检修电路故障时，应首先测量室内管温传感器阻值是否正常。

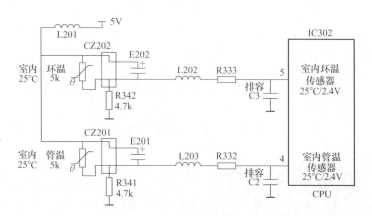

图 5-11　传感器电路原理图

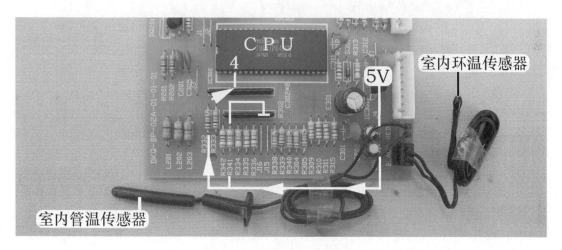

图 5-12　传感器电路实物图

· 第二节　输出部分电路 ·

一、指示灯电路

1. 工作原理

图 5-13 为指示灯电路原理图，图 5-14 为实物图。

指示灯电路的作用是指示空调器的工作状态，或者出现故障时以指示灯的亮、灭、闪的组合显示代码。CPU 的⑰ ~ ⑳脚分别是电源、定时、运行、高效指示灯控制引脚。

上述 4 个指示灯电路工作原理相同，以高效指示灯为例，如 CPU 的⑳脚输出低电平，经 R315 送至高效指示灯的负极，正负极两端有 1.9V 的电压而点亮；如⑳脚输出高电平，正负极两端没有电压而熄灭。

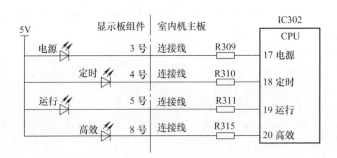

图 5-13　指示灯电路原理图

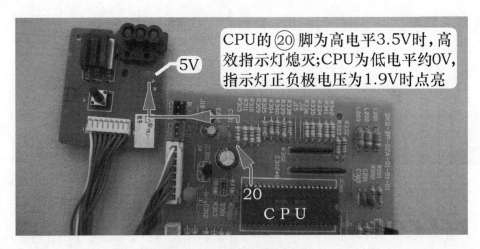

图 5-14　指示灯电路实物图

2. 海信 KFR-26GW/11BP 指示灯电路工作原理

图 5-15 为指示灯电路原理图，图 5-16 为电源指示灯信号流程，作用是指示空调器的工作状态，或者出现故障时以指示灯的亮、灭、闪的组合显示代码。CPU 的㉙～㉝脚分别是高效、运行、定时、电源指示灯控制引脚，运行指示灯 D15、电源指示灯 D14 均为双色指示灯。

定时指示灯 D16 为单色指示灯，正常情况下，CPU 的㉛脚为高电平 4.5V，D16 因两端无电压差而熄灭；如遥控器开启"定时"功能，CPU 处理后开始计时，同时㉛脚变为低电平 0.2V，D16 两端电压为 1.9V 而点亮，显示绿色。

电源指示灯 D14 为双色指示灯，待机状态 CPU 的㉜、㉝脚均为高电平 4.5V，指示灯为熄灭状态；遥控开机后如 CPU 控制为制冷或除湿模式，㉝脚变为低电平 0.2V，D14 内部绿色发光二极管点亮，因此显示颜色为绿色；遥控开机后如 CPU 控制为制热模式，㉜、㉝脚均为低电平 0.2V，D14 内部红色和绿色发光二极管全部点亮，红色和绿色融合为橙色，因此制热模式显示为橙色。

运行指示灯 D15 也为双色指示灯，具有运行和高效指示功能，共同组合可显示压缩机运行频率。遥控开机后如压缩机低频运行，CPU 的㉚脚为低电平 0.2V，CPU 的㉙脚为高电平 4.5V，D15 内部只有蓝色发光二极管点亮，此时运行指示灯只显示蓝色；如压缩机升频至中频状态运行，CPU 的㉙脚也变为低电平 0.2V（即㉙和㉚脚同为低电平），D15 内部红色和蓝色发光二极管均点亮，此时 D15 同时显示红色和蓝色两种颜色；如压缩机继续升频至高频状态运行，或开启遥控器上的"高效"功能，CPU 的㉚脚变为高电平，D15 内部蓝色发光二极管熄灭，此时只有红色发光二极管点亮，显示颜色为红色。

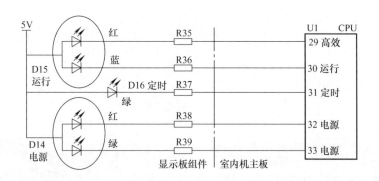

图 5-15　海信 KFR-26GW/11BP 指示灯电路原理图

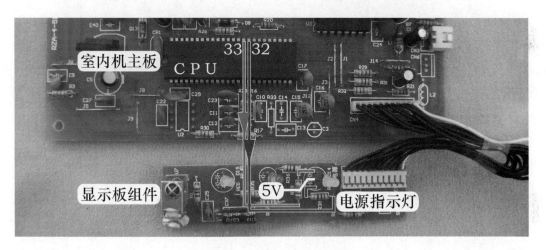

图 5-16　电源指示灯信号流程

二、蜂鸣器电路

图 5-17 为蜂鸣器电路原理图，图 5-18 为实物图。

本电路的作用为提示（响一声）CPU 接收到遥控信号且已处理。CPU 的㊱脚是蜂鸣器控制引脚，正常时为低电平；当接收到遥控信号时引脚变为高电平，反相驱动器 IC401 的输入端⑦脚也为高电平，输出端⑩脚则为低电平，蜂鸣器发出预先录制的音乐。

> 💡 **说明：** 由于 CPU 输出高电平的时间很短，使用万用表很难测出。

三、主控继电器驱动电路

图 5-19 为主控继电器驱动电路原理图，图 5-20 为主控继电器触点闭合过程，

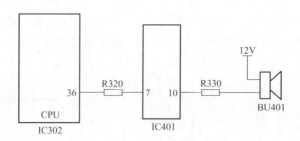

图 5-17　蜂鸣器电路原理图

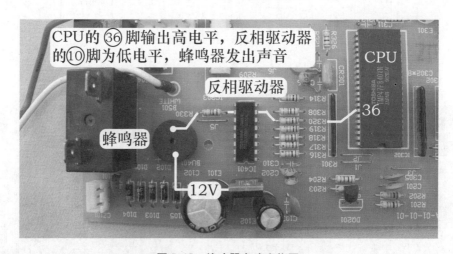

图 5-18　蜂鸣器电路实物图

图 5-21 为主控继电器触点断开过程，表 5-1 为 CPU 引脚电压与主控继电器触点状态的对应关系。

　　主控继电器为室外机供电，CPU 的㉕脚为控制引脚。当 CPU 处理输入的信号，需要为室外机供电时，㉕脚为高电平 3.5V，该电压经限流电阻 R314 送至反相驱动器 IC401 的输入端①脚，电压约为 2V 高电平，内部电路翻转，输出端引脚接地，其对应输出端⑯脚为低电平 0.8V，继电器 RL401 线圈得到直流 11.2V 供电，产生电磁力使触点 3-4 闭合，电源电压由 L 端经主控继电器 3-4 触点去接线端子，与 N 端组合为交流 220V 电压，为室外机供电。

　　当 CPU 处理输入的信号，需要断开室外机供电时，㉕脚为低电平 0V，IC401 输入端①脚也为低电平 0V，内部电路不能翻转，对应输出端⑯脚为高电平 12V，继电器 RL401 线圈电压为直流 0V，触点 3-4 断开，停止室外机的供电。

表 5-1　CPU 引脚电压与主控继电器触点状态对应关系

CPU 的㉕脚	反相驱动器的①脚	反相驱动器的⑯脚	继电器线圈两端	继电器触点状态
3.5V	1.9V	0.8V	11.2V	闭合
0V	0V	12V	0V	断开

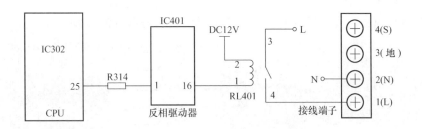

图 5-19　主控继电器驱动电路原理图

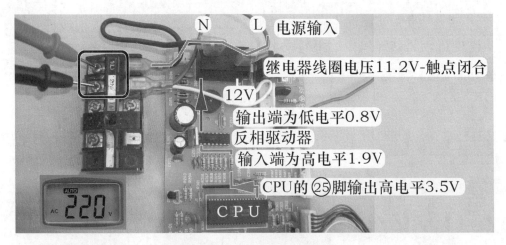

图 5-20　主控继电器触点闭合过程

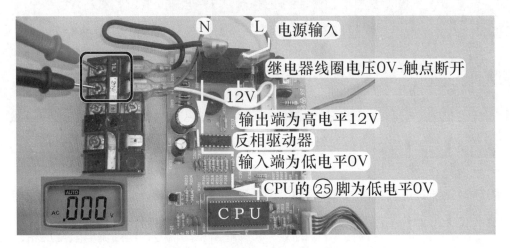

图 5-21　主控继电器触点断开过程

四、步进电机驱动电路

1. 步进电机安装位置和内部结构

见图 5-22，**室内机导风板由步进电机驱动**。制冷时吹出空气潮湿，于是自然下沉，使用时应将导风板角度设置为水平，应避免直吹人体；制热时吹出空气干燥，于是自然向上漂移，使用时将导风板角度设置为向下，这样可以使房间内送风合理且均匀。

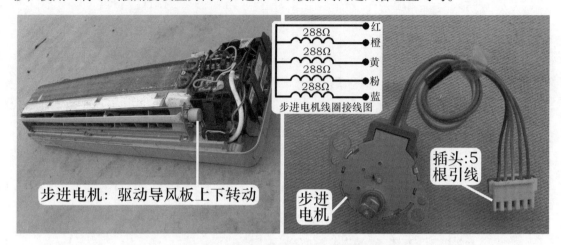

图 5-22　步进电机安装位置和实物外形

见图 5-23，步进电机由外壳（含线圈）、转子、变速齿轮、输出接头、连接引线和插头等组成。

图 5-23　步进电机内部结构

2. 工作原理

图 5-24 为步进电机驱动电路原理图，图 5-25 为实物图，表 5-2 为 CPU 引脚电压与步进电机状态对应关系。

需要控制步进电机运行时，CPU 的㊳～㊶脚输出驱动信号，经限流电阻至反相驱动器 IC401 的输入端③～⑥脚，IC401 将信号放大后在⑭～⑪脚反相输出，驱动步进电机线圈，电机转动、带动导风板上下摆动，使房间内送风均匀，并到达用户需要的地方；需要控制步进电机停止转动时，CPU 的㊳～㊶脚输出低电平 0V，线圈无驱动电压，使得步进电机停止运行。

驱动步进电机运行时，CPU 的 4 个引脚按顺序输出高电平，实测电压在 1.3V 左右变化；同理，反相驱动器输入端电压在 0.7V 左右变化，输出端电压在 8.5V 左右变化。

表 5-2　CPU 引脚电压与步进电机状态对应关系

CPU 的㊳~㊶脚	反相驱动器的③~⑥脚	反相驱动器的⑭~⑪脚	步进电机状态
1.3V	0.7V	8.5V	运行
0V	0V	12V	停止

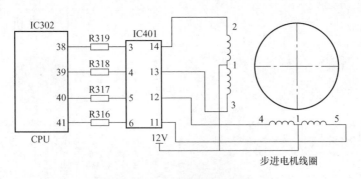

图 5-24　步进电机驱动电路原理图

图 5-25　步进电机驱动电路实物图

· 第三节　室内风机电路 ·

本节详细介绍室内风机（PG 电机）的起动原理、控制电路、常见故障等基础知识。

> 💡 **说明**：室内风机电路由 2 个输入部分电路和 1 个输出部分电路组成，由于知识点较多，因此单设一节进行说明。

一、PG 电机起动原理和特点

1. 安装位置和实物外形

见图 5-26 左图，PG 电机安装在室内机右侧部分，作用是驱动贯流风扇，在制冷时将蒸发器产生的冷量带出吹向房间内，从而降低房间温度。

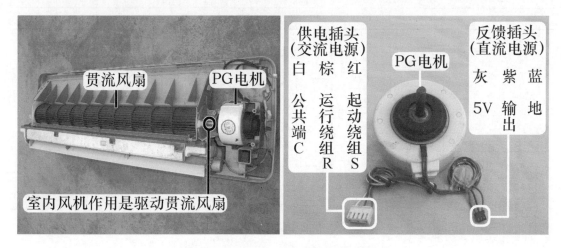

图 5-26　PG 电机安装位置和插头作用

PG 电机内部结构见图 5-27，由定子（含引线和线圈供电插头）、转子（含磁环和上下轴承）、霍尔电路板（含引线和霍尔反馈插头）、上盖和下盖、上下减振胶圈组成。

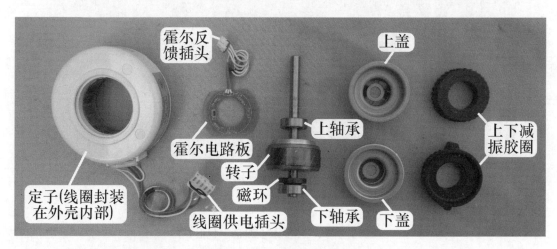

图 5-27　PG 电机内部结构

2. 起动原理

PG 电机使用电容感应式电机，内部含有起动和运行两个绕组。PG 电机工作时通入单相交流电源，由于电容的作用，起动绕组比运行绕组电流超前 90°，在定子与转子之间产生旋转磁场，电机便转动起来，带动贯流风扇吸入房间内的空气至室内机，经蒸发器降低温度后以一定的风速和流量吹出，来降低房间温度。

3. 特点

① 插头：共有 2 个插头，见图 5-26 右图，大插头为线圈供电，有 3 根引线；小插头为霍尔反馈，同样为 3 根引线。

② 供电电压：通常为交流 90～170V。

③ 转速控制：通过改变供电电压的高低来改变转速。

④ 控制电路：为使控制转速准确，PG 电机内含霍尔元件，并且主板增加霍尔反馈电路和过零检测电路。

⑤ 转速反馈：PG 电机内含霍尔元件，向主板 CPU 反馈代表实际转速的霍尔信号，CPU 通过调节光耦合器晶闸管的导通角，使 PG 电机转速与目标转速相同。

二、控制原理

图 5-28 为室内风机驱动电路原理图。室内风机电路用于驱动 PG 电机运行，由过零检测电路、PG 电机驱动电路和霍尔反馈电路 3 个单元电路组成。用户输入的控制指令经主板 CPU 处理，需要控制室内风机运行时，首先检查过零检测电路输入的过零信号，以便在电源零点附近驱动光耦合器晶闸管的导通角，使 PG 电机运行。电机运行之后输出代表转速的霍尔信号经电路反馈至 CPU 的相关引脚，CPU 计算实际转速并与程序设定的转速相比较，如有误差则改变光耦合器晶闸管的导通角，改变 PG 电机的工作电压，从而改变转速，使之与目标转速相同。

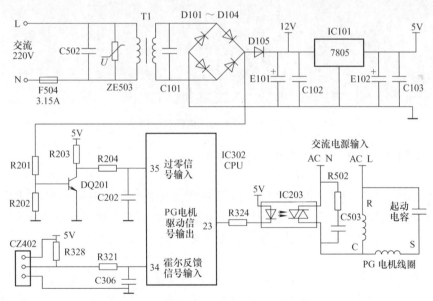

图 5-28 室内风机驱动电路原理图

三、过零检测电路

过零检测电路实物图见图 5-29，**作用是为 CPU 提供一个标准，标准的起点为零点，是 CPU 控制光耦合器晶闸管导通角大小的依据**，PG 电机高速、中速、低速、超低速运行时都对应一个导通角，导通角的导通时间是从零点开始计算的，导通时间不同，导通角的大小也就不同，供电电压改变，PG 电机转速也随之改变。同时过零信号还作为 CPU 检测输入电源是否正常的参考信号。

1. 工作原理

过零检测电路由电阻 R201 ~ R204、电容 C202、晶体管 DQ201、CPU 的㉟脚组成。

变压器二次绕组交流 12.5V 电压经 D101 ~ D104 桥式整流后，输出脉动直流电，其中一路经 R201、R202 分压，提供给 DQ201 的基极。

电压波形位于正半周时，基极电压大于 0.7V，使 DQ201 导通，CPU 的㉟脚为低电平；电压波形位于负半周时，基极电压为 0V，使 DQ201 截止，CPU 的㉟脚为高电平。

晶体管反复导通、截止，在 CPU 的㉟脚形成 100Hz 脉冲波形，经 CPU 内部电路处理，检测电压的零点。

过零检测电路正常时，无论是处于待机还是运行状态，晶体管的基极电压都为 0.7V，集电极电压为 0.3V，CPU 的㉟脚电压为 0.3V。

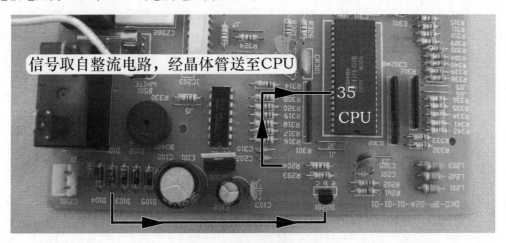

图 5-29　过零检测电路实物图

2. 海信 KFR-26GW/11BP 室内机过零检测电路

（1）作用

过零检测电路作用是为 CPU 提供电源电压的零点位置信号，以便 CPU 在零点附近驱动光耦合器晶闸管的导通角，并通过软件计算出电源供电是否存在瞬时断电的故障。本机主板供电使用开关电源，过零检测电路的取样点为交流 220V。

> 💡 说明：如果室内机主板使用变压器降压型电源电路，则过零检测电路取样点为变压器二次绕组整流电路的输出端。两者电路设计思路不同，使用的元器件和检测点也不相同，但工作原理类似，所起的作用是相同的。

（2）工作原理

图 5-30 为过零检测电路原理图，图 5-31 为实物图。从电路原理图可以看出，本机过零检测电路与海信 KFR-2601GW/BP 室外机瞬时停电检测电路基本相同（参见第六章第一节的第四部分内容），工作原理也基本相同，只是所起的作用不同。

电路主要由电阻 R4、光耦合器 PC3 等主要元器件组成。交流电源处于正半周即 L 正、N 负时，光耦合器 PC3 初级得到供电，内部发光二极管发光，使得次级光敏晶体管导通，5V 电压经 PC3 次级、电阻 R30 为 CPU 的⑩脚供电，为高电平 5V；交流电源为负半周即 L 负、N 正时，光耦合器 PC3 初级无供电，内部发光二极管无电流通过不能发光，使得次级光敏晶体管截止，CPU 的⑩脚经电阻 R30、R3 接地，引脚电压为低电平 0V。

交流电源正半周和负半周极性交替变换，光耦合器反复导通、截止，在 CPU 的⑩脚形成 100Hz 脉冲波形，CPU 内部电路通过处理，检测电源电压的零点位置和供电是否存在瞬时断电。

交流电源频率为每秒 50Hz，每 1Hz 为一个周期，一个周期由正半周和负半周组成，也就是说 CPU 的⑩脚电压每秒变化 100 次，速度变化极快，万用表显示值不为跳变电压而是稳定的直流电压，实测⑩脚电压为直流 2.2V，光耦合器 PC3 初级电压为 0.2V。

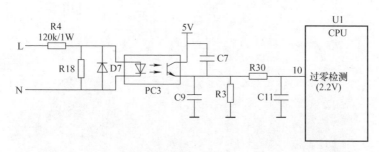

图 5-30　海信 KFR-26GW/11BP 室内机过零检测电路原理图

图 5-31　海信 KFR-26GW/11BP 室内机过零检测电路实物图

四、PG 电机驱动电路

PG 电机驱动电路实物图见图 5-32。光耦合器晶闸管调速的原理是：CPU 输出驱动信号改变光耦合器晶闸管的导通角，改变 PG 电机线圈的交流电压波形，从而改变交流电压的有效值，达到调速的目的。

PG 电机驱动电路由 CPU 的㉓脚、电阻 R324/R502、电容 C503、光耦合器晶闸管 IC203、风机电容、PG 电机线圈组成。

CPU 的㉓脚输出驱动信号，经 R324 送至 IC203 初级发光二极管的负极，次级晶闸管导通，PG 电机开始运行。

CPU 通过霍尔反馈电路计算出实际转速值，并与内置数据相比较，如有误差通过改变 CPU 的㉓脚输出信号改变光耦合器晶闸管的导通角，从而改变风机供电电压，使实际转速与目标转速相同。为了控制光耦合器晶闸管在零点附近导通，主板设有过零检测电路，向 CPU 提供参考依据。

CPU 的㉓脚输出的是波形信号，在改变风机转速时只是改变波形，电压并未改变，但光耦合器晶闸管的导通角已经改变，PG 电机插座电压改变，转速也随之变化。

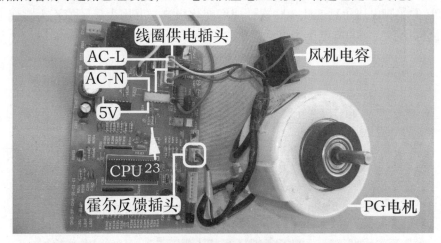

图 5-32 　PG 电机驱动电路实物图

五、霍尔反馈电路

1. 霍尔元件

霍尔元件实物外形见图 5-33 左图，是一种基于霍尔效应的磁传感器，用它可以检测磁场及其变化，可在各种与磁场有关的场合中使用。

应用在 PG 电机电路中时，霍尔元件安装在电路板上（见图 5-33 右图），电机的转子上面安装有磁环（见图 5-34 左图），在空间位置上霍尔元件与磁环相对应（见图 5-34 右图），转子旋转时带动磁环转动，霍尔元件将磁感应信号转化为高电平或低电平的脉冲电压由输出脚输出，至主板 CPU，CPU 根据脉冲电压计算出电机的实际转速。

PG 电机旋转一圈，内部霍尔元件会输出一个脉冲电压信号或几个脉冲电压信号（厂家不同，脉冲电压信号数量不同），CPU 根据脉冲电压信号数量计算出实际转速。

2. 工作原理

霍尔反馈电路实物图见图 5-35，作用是向 CPU 提供代表 PG 电机实际转速的霍尔信号，由 PG 电机内部霍尔元件、电阻 R328/R321、电容 C306、CPU 的㉞脚组成。

PG 电机内部设有霍尔元件，旋转时其输出端输出脉冲电压信号，通过插座 CZ402、电阻 R321 提供给 CPU 的㉞脚，CPU 内部电路计算出实际转速，与目标转速相比较，如有误差

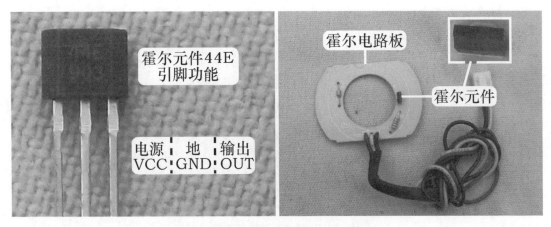

图 5-33　霍尔元件实物外形和霍尔电路板

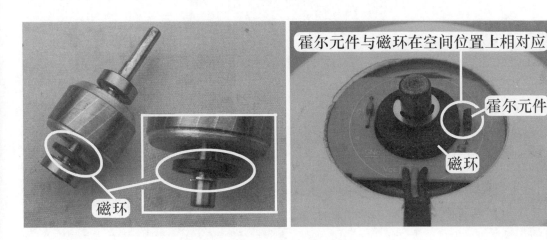

图 5-34　霍尔元件和磁环

通过改变光耦合器晶闸管导通角，从而改变 PG 电机工作电压，使实际转速与目标转速相同。

　　PG 电机停止运行时，根据内部霍尔元件位置不同，霍尔反馈插座的信号引针电压即CPU 的㉞脚电压为 5V 或 0V；PG 电机运行时，不论高速还是低速，电压恒为 2.5V，即供电电压 5V 的一半。

　　3. 霍尔元件检查方法

　　空调器报出"霍尔信号异常"的故障代码，在 PG 电机可以起动运行的前提下，为判断故障是 PG 电机内部霍尔元件损坏还是室内机主板损坏，应测量霍尔电压是否正常，方法如下所述。

　　空调器接通电源但不开机，使用万用表直流电压档，见图 5-36 和图 5-37，黑表笔接地，红表笔接霍尔反馈插座信号引针，用手慢慢转动贯流风扇的同时观察电压变化情况。如果为 5V～0V～5V～0V 跳动变化的电压，说明 PG 电机内部霍尔元件正常，应更换室内机主板试机；如果电压一直为 5V、0V 或其他固定值，则为 PG 电机内部霍尔元件损坏，需要更换 PG电机。

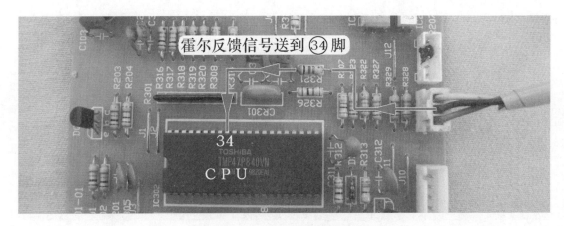

图 5-35　霍尔反馈电路实物图

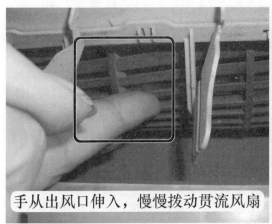

图 5-36　拨动贯流风扇

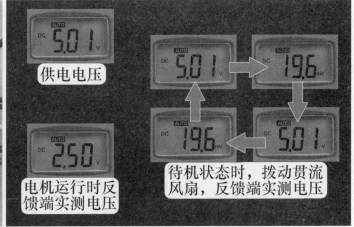

图 5-37　测量霍尔反馈电压

·第四节　通信电路·

变频空调器一般采用单通道半双工异步串行通信方式，室内机与室外机之间通过以二进制编码形式组成的数据组，进行各种数据信号的传递。

一、基础知识

1. 通信数据结构

室内机（主机）、室外机（副机）的通信数据均由16个字节组成，每个字节由一组8位二进制编码构成，进行通信时，首字节先发送一个代表开始识别码的字节，然后依次发送第1~16字节数据信息，最后发送一个结束识别码字节，至此完成一次通信。每组通信数据见表5-3。

表5-3　通信数据结构

命令位置	数据内容	备　注
第1字节	通信源地址（自己地址）	室内机地址——0、1、2、…、255
第2字节	通信目标地址（对方地址）	室外机地址——0、1、2、…、255
第3字节	命令参数	高4位：要求对方接收参数的命令 低4位：向对方传输参数的命令
第4字节	参数内容1	
第5字节	参数内容2	
⋮	⋮	
第15字节	参数内容12	
第16字节	校验和	校验和 = [∑（第1字节 + 第2字节 + 第3字节 + … + 第13字节 + 第14字节 + 第15字节）] + 1

2. 编码规则

（1）命令参数

第3字节为命令参数，见图5-38，由"要求对方接收参数的命令"和"向对方传输参数的命令"两部分组成，在8位编码中，高4位是要求对方接收参数的命令，低4位是向对方传输参数的命令，高4位和低4位可以自由组合。

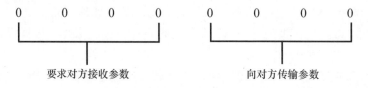

图5-38　命令参数

（2）参数内容

第4字节至第15字节分别可表示12项参数内容，每1个字节室内机（主机）、室外机（副机）所表示的内容略有差别。参数内容见表5-4。

表5-4　参数内容

命 令 位 置	室内机向室外机发送内容	室外机向室内机发送内容
第4字节	当前室内机的机型	当前室外机的机型
第5字节	当前室内机的运行模式	当前压缩机的实际运行频率
第6字节	要求压缩机运行的目标频率	当前室外机保护状态1
第7字节	强制室外机输出端口的状态	当前室外机保护状态2
第8字节	当前室内机保护状态1	当前室外机冷凝器的温度值
第9字节	当前室内机保护状态2	当前室外机的环境温度值
第10字节	当前室内机的设定温度	当前压缩机的排气温度值
第11字节	当前室内风机转速	当前室外机的运行总电流值
第12字节	当前室内机的环境温度值	当前室外机的电压值
第13字节	当前室内机的蒸发器温度值	当前室外机的运行模式
第14字节	当前室内机的能级系数	当前室外机的状态
第15字节	当前室内机的状态	预留

3. 通信规则

空调器通电后，由室内机向室外机发送信号或由室外机向室内机发送信号时，均在收到对方信号处理完50ms后进行。通信以室内机为主，正常情况室内机发送信号之后等待接收，如500ms仍未接收到反馈信号，则再次发送当前的命令，如果2min内仍未收到室外机的应答（或应答错误），则出错报警，同时发送信息命令给室外机。以室外机为副机，室外机未接收到室内机的信号时，则一直等待，不发送信号。

图5-39为通信电路简图，RC1为室内机发送光耦合器，RC2为室内机接收光耦合器，PC1为室外机发送光耦合器，PC2为室外机接收光耦合器。

空调器通电后，室内机和室外机主板就会自动进行通信，按照既定的通信规则，用脉冲序列的形式将各自的电路状况发送给对方，收到对方正常信息后，室内机和室外机电路均处于待机状态。当进行开机操作时，室内机CPU把预置的各项工作参数及开机指令送到RC1的输入端，通过通信回路进行传输；室外机PC2输入端收到开机指令及工作参数内容后，由输出端将序列脉冲信息送给室外机CPU，整机开机，按照预定的参数运行。室外机CPU在接收到信息50ms后输出反馈信息到PC1的输入端，通过通信回路传输到室内机RC2输入端，RC2输出端将室外机传来的各项运行状况参数送至室内机CPU，根据收集到的整机运行状况参数确定下一步对整机的控制。

由于室内机和室外机之间相互传递的通信信息，产生于各自的CPU，其信号幅度小于5V。而室内机与室外机的距离比较远，如果直接用此信号进行室内机和室外机的信号传输，很难保证信号传输的可靠度。因此，在变频空调器中，通信回路一般都采用单独的电源供电，供电电压多数使用直流24V，通信回路采用光耦合器传送信号，通信电路与室内机和室外机的主板上电源完全分开，形成独立的回路。

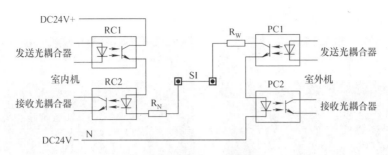

图 5-39　通信电路简图

二、电路组成

本节以海信 KFR-26GW/11BP 交流变频空调器为例，介绍目前主板通信电源使用直流 24V 电压的通信电路，这也是目前最常见的通信电路形式，在所有品牌的变频空调器中均有应用，只是有些品牌的电路做一些修改，但工作原理完全一样。

完整的通信电路由室内机主板 CPU、室内机通信电路、室内外机连接线、室外机主板 CPU、室外机通信电路组成。

1. 主板

见图 5-40，室内机主板 CPU 的作用是产生通信信号，该信号通过通信电路传送至室外机主板 CPU，同时接收由室外机主板 CPU 反馈的通信信号并做处理；室外机主板 CPU 的作用与室内机主板 CPU 相同，也是发送和接收通信信号。

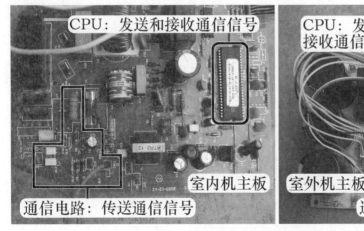
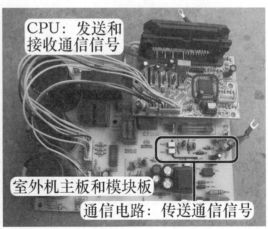

图 5-40　海信 KFR-26GW/11BP 主板通信电路

2. 室内外机连接线

变频空调器室内机和室外机共有 4 根连接线，见图 5-41，作用分别是：1 号 L 为相线、2 号 N 为零线、3 号为地线、4 号 SI 为通信线。

L 与 N 接交流 220V 电压，由室内机输出为室外机供电，此时 N 为零线；S 与 N 为室内机和室外机的通信电路提供回路，SI 为通信线，此时 N 为通信电路专用电源（直流 24V）的负极，因此 N 同时有双重作用。在接线时室内机 L 与 N 和室外机接线端子应相同，不能接反，否则通信电路不能构成回路，造成通信故障。

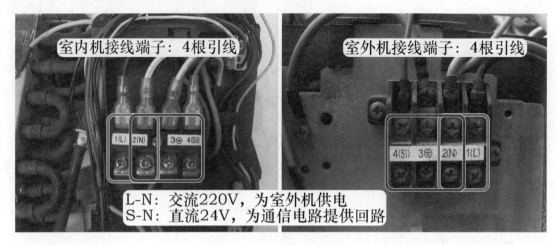

室内机接线端子：4根引线

室外机接线端子：4根引线

1(L) 2(N) 3⊕ 4(SI)

4(SI) 3⊕ 2(N) 1(L)

L-N：交流220V，为室外机供电
S-N：直流24V，为通信电路提供回路

图5-41　室内外机连接线

三、工作原理

图5-42为海信KFR-26GW/11BP通信电路原理图。从图中可知，室内机CPU的㊷脚为发送引脚、㊶脚为接收引脚，PC1为发送光耦合器、PC2为接收光耦合器；室外机CPU的㉓脚为发送引脚、㉒脚为接收引脚，PC02为发送光耦合器、PC03为接收光耦合器。

1. 直流24V电压形成电路

通信电路电源使用专用的直流24V电压，见图5-43，设在室内机主板，电源电压经相线L由电阻R10降压、D6整流、C6滤波，在稳压管D11（稳压值24V）两端形成直流24V电压，为通信电路供电，N为直流24V电压的负极。

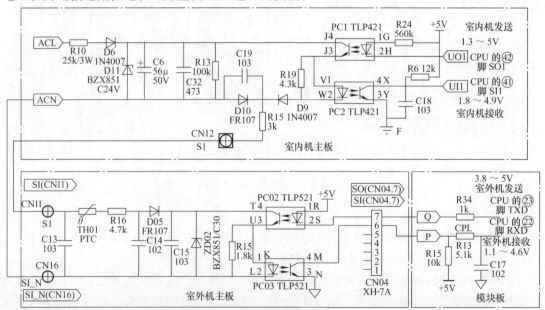

图5-42　海信 KFR-26GW/11BP 通信电路原理图

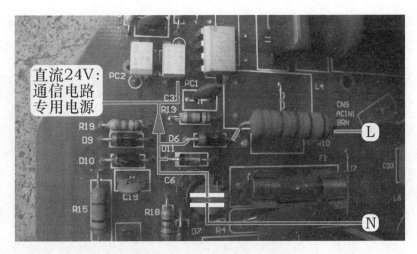

图5-43　直流24V电压形成电路

2. 室内机发送信号、室外机接收信号过程

信号流程见图5-44。

通信电路处于室内机 CPU 发送信号、室外机 CPU 接收信号状态时，首先室外机 CPU 的㉓脚为低电平，发送光耦合器 PC02 初级发光二极管两端的电压约为 1.1V，使得次级光敏晶体管一直处于导通状态，为室内机 CPU 发送信号提供先决条件。

若室内机 CPU 的㊷脚为低电平信号，发送光耦合器 PC1 初级发光二极管得到电压，使得次级光敏晶体管导通，整个通信环路闭合。信号流程如下：直流24V电压正极→PC1 的④脚→PC1 的③脚→PC2 的①脚→PC2 的②脚→D9→R15→室内外机通信引线 SI→PTC 电阻 TH01→R16→D05→PC02 的④脚→PC02 的③脚→PC03 的①脚→PC03 的②脚→N 构成回路，室外机接收光耦合器 PC03 初级在通信信号的驱动下得电，次级光敏晶体管导通，室外机 CPU 的㉒脚经电阻 R13、PC03 次级接地，电压为低电平。

若室内机 CPU 的㊷脚为高电平信号，PC1 初级无电压，使得次级光敏晶体管截止，通信环路断开，室外机接收光耦合器 PC03 初级无驱动信号，使得次级光敏晶体管截止，5V 电压经电阻 R15、R13 为 CPU 的㉒脚供电，电压为高电平。

由此可以看出，室外机接收光耦合器 PC03 所输出至 CPU 的㉒脚的脉冲信号，就是室内机 CPU 的㊷脚经发送光耦合器 PC1 输出的驱动脉冲。根据以上原理，实现了由室内机发送信号、室外机接收信号的过程。

一旦室外机出现异常状况，在相应的字节中就会出现与故障内容相对应的编码内容，通过通信电路传至室内机 CPU，室内机 CPU 针对故障内容立即发出相应的控制指令，整机电路就会出现相应的保护动作。同样，当室内机电路检测到异常时，室内机 CPU 也会及时发出相对应的控制指令至室外机 CPU，以采取相应的保护措施。

3. 室外机发送信号、室内机接收信号过程

信号流程见图5-45。

通信电路处于室外机 CPU 发送信号、室内机 CPU 接收信号状态时，首先室内机 CPU 的㊷脚为低电平，使 PC1 次级光敏晶体管一直处于导通状态，室内机接收光耦合器 PC2 的①

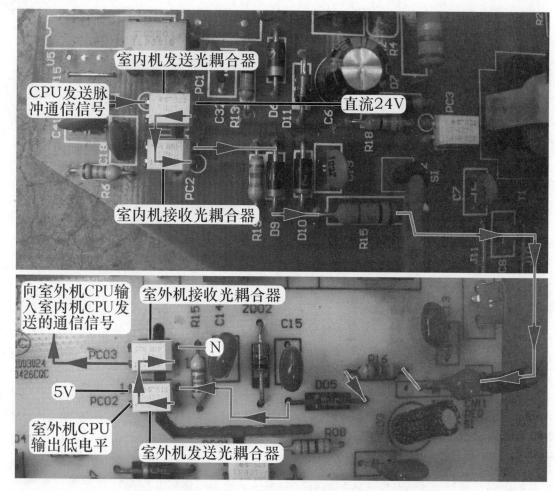

图 5-44 室内机 CPU 发送信号、室外机 CPU 接收信号流程

脚恒为直流 24V,为室外机 CPU 发送信号提供先决条件。

若室外机 CPU 的㉓脚发送的脉冲通信信号为低电平,发送光耦合器 PC02 初级发光二极管得到电压,使得次级光敏晶体管导通,通信环路闭合,室内机接收光耦合器 PC2 初级也得到驱动电压,次级光敏晶体管导通,室内机 CPU 的㊶脚经 PC2 次级接地,电压为低电平。

当室外机 CPU 发送的脉冲通信信号为高电平时,PC02 初级两端的电压为 0V,次级光敏晶体管截止,通信环路断开,室内机接收光耦合器 PC2 初级无驱动电压,次级截止,5V 电压经电阻 R6 为 CPU 的㊶脚供电,电压为高电平。

由此可见,室内机 CPU 的㊶脚即通信信号接收引脚电压的变化,由室外机 CPU 的㉓脚即通信信号发送引脚的电压决定。根据以上原理,实现了室外机 CPU 发送信号、室内机 CPU 接收信号的过程。

4. 通信电压跳变范围

室内机和室外机 CPU 输出的通信信号均为脉冲电压,通常在 0 ~ 5V 之间变化。光耦合器初级发光二极管的电压也是时有时无,有电压时次级光敏晶体管导通,无电压时次级光敏晶体管截止,通信回路由于光耦合器次级光敏晶体管的导通与截止,工作时也是时而闭合时

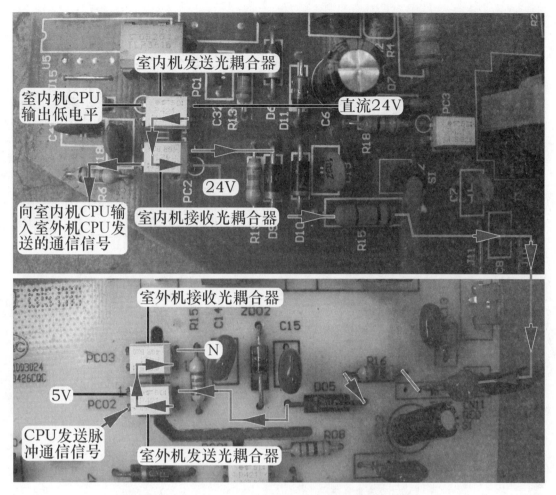

图 5-45　室外机 CPU 发送信号、室内机 CPU 接收信号流程

而断开，因而通信回路工作电压为跳动变化的电压。

测量通信电路电压时，使用万用表直流电压档，黑表笔接 N 端子、红表笔接 SI 端子。根据图 5-39 的通信电路简图，可得出以下结果。

① 室内机发送光耦合器 RC1 次级光敏晶体管截止、室外机发送光耦合器 PC1 次级光敏晶体管导通，直流 24V 电压供电断开，此时 N 与 SI 端子电压为直流 0V。

② RC1 次级导通、PC1 次级导通，此时相当于直流 24V 电压对串联的 R_N 和 R_W 电阻进行分压。在 KFR-26GW/11BP 的通信电路中，$R_N = R_{15} = 3k\Omega$，$R_W = R_{16} = 4.7k\Omega$，此时测量 N 与 SI 端子的电压相当于测量 R_W 两端的电压，根据分压公式 $R_W / (R_N + R_W) \times 24V$ 可计算得出，约等于 15V。

③ RC1 次级导通、PC1 次级截止，此时 N 与 SI 端子电压为直流 24V。

根据以上结果得出的结论是：测量通信回路电压即 N 与 SI 端子，理论的通信电压变化范围为 **0V ~ 15V ~ 24V**，但是实际测量时，由于光耦合器次级光敏晶体管导通与截止的转换频率非常快，见图 5-46，万用表显示值通常在 **0V ~ 15V ~ 22V** 之间跳动变化。

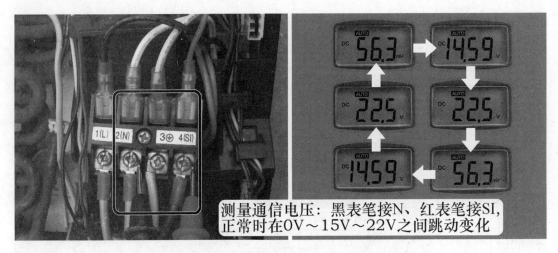

测量通信电压：黑表笔接N、红表笔接SI，
正常时在0V～15V～22V之间跳动变化

图 5-46　测量通信电路 N 与 SI 端子电压

第六章

变频空调器室外机单元电路

·第一节 输入部分电路·

一、存储器电路

图 6-1 为存储器电路原理图，图 6-2 为实物图，**作用是向 CPU 提供工作时所需要的数据**。存储器内部存储压缩机 U/f 值、电流保护值和电压保护值等数据，CPU 工作时调取存储器的数据对室外机电路进行控制。

CPU 需要读写数据时，CPU 的㉖脚片选 IC303 的①脚，CPU 的㉒脚向 IC303 的②脚发送时钟信号，CPU 的㉑脚将需要查询数据的指令输入到 IC303 的③脚，CPU 的㉠脚读取 IC303 的④脚反馈的数据。

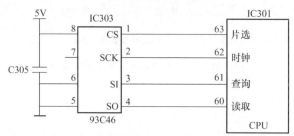

图 6-1 存储器电路原理图

图 6-2 存储器电路实物图

127

二、传感器电路

传感器电路向室外机 CPU 提供室外环境温度、室外冷凝器温度和压缩机排气温度 3 种温度信号。

1. 组成与作用

（1）室外环温传感器电路

图 6-3 为室外环温传感器安装位置和实物外形。

① 该电路的作用是检测室外环境温度，由室外环温传感器（25℃/5kΩ）和分压电阻 R213（4.7kΩ 精密电阻、1% 误差）等元器件组成。

② 在制冷和制热模式，决定室外风机转速。

③ 在制热模式，与室外管温传感器温度组成进入除霜的条件。

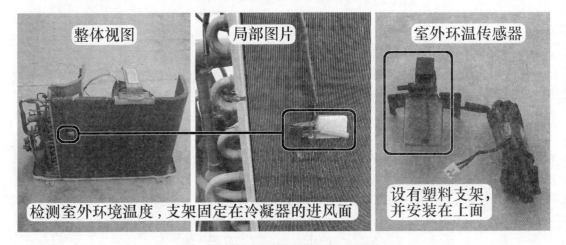

整体视图　　局部图片　　室外环温传感器

检测室外环境温度，支架固定在冷凝器的进风面

设有塑料支架，并安装在上面

图 6-3　室外环温传感器安装位置和实物外形

（2）室外管温传感器电路

图 6-4 为室外管温传感器安装位置和实物外形。

① 该电路的作用是检测室外冷凝器温度，由室外管温传感器（25℃/5kΩ）和分压电阻 R211（4.7kΩ 精密电阻、1% 误差）等元器件组成。

② 在制冷模式，判定冷凝器过载。当室外管温 ≥70℃ 时，压缩机停机；当室外管温 ≤50℃ 时，3min 后自动开机。

③ 在制热模式，与室外环温传感器温度组成进入除霜的条件。空调器运行一段时间（约 40min），当室外环温 >3℃ 时，室外管温 ≤ -3℃，且持续 5min；或当室外环温 <3℃ 时，室外环温 - 室外管温 ≥7℃，且持续 5min。

④ 在制热模式，判断退出除霜的条件，即当室外管温 >12℃ 时或压缩机运行超过 8min。

（3）压缩机排气温度传感器电路

图 6-5 为压缩机排气温度传感器安装位置和实物外形。

① 该电路的作用是检测压缩机排气温度，由压缩机排气温度传感器（25℃/65kΩ）和分压电阻 R208（20kΩ 精密电阻、1% 误差）等元器件组成。

② 在制冷和制热模式，当压缩机排气温度 ≤93℃ 时，压缩机正常运行；当 93℃ < 压缩

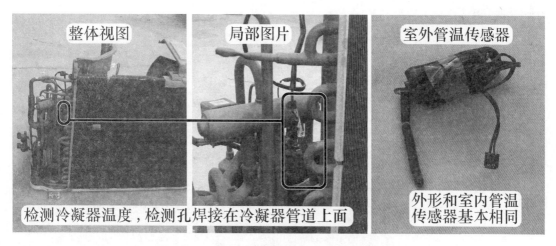

图6-4 室外管温传感器安装位置和实物外形

机排气温度＜115℃时，压缩机运行频率被强制设定在规定的范围内或者降频运行；当压缩机排气温度＞115℃时，压缩机停机；只有当压缩机排气温度下降到≤90℃时，才能再次开机运行。

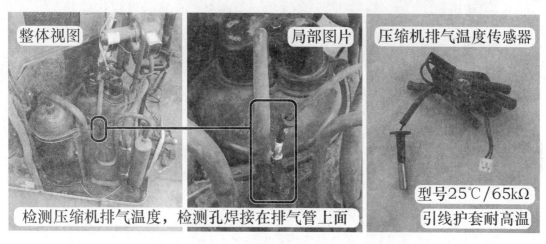

图6-5 压缩机排气温度传感器安装位置和实物外形

2. 工作原理

图6-6为室外机传感器电路原理图，图6-7为室外管温传感器信号流程。

CPU的⑭脚检测室外环温传感器温度、⑮脚检测室外管温传感器温度、⑯脚检测压缩机排气温度传感器温度。

室外机3路传感器的工作原理相同，与室内机传感器电路工作原理也相同，**均为传感器与偏置电阻组成分压电路**，传感器为负温度系数（NTC）热敏电阻。以室外管温传感器电路为例，如冷凝器温度由于某种原因升高，室外管温传感器温度也相应升高，其阻值变小，根据分压电路原理，分压电阻R211分得的电压也相应升高，输送到CPU的⑮脚电压升高，CPU根据电压值计算得出冷凝器温度升高，与内置的程序相比较，对室外机电路进行控制，假如计算得出的温度大于70℃，则控制压缩机停机，并将故障代码通过通信电路传送到室内机主板 CPU。

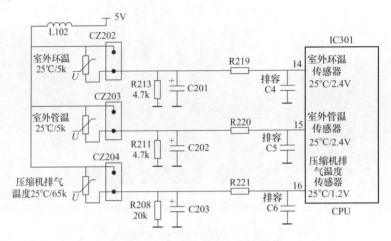

图 6-6　室外机传感器电路原理图

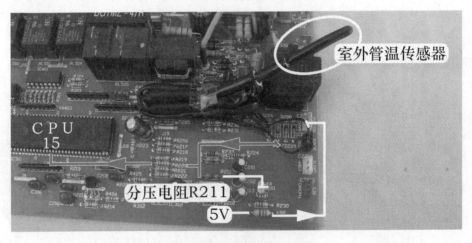

图 6-7　室外管温传感器信号流程

3. 海信 KFR-26GW/11BP 室外机传感器电路

图 6-8 为传感器电路原理图，图 6-9 为实物图。从图中可以看出，电路原理图和海信 KFR-2601W/BP 基本相同，所不同的是，本机传感器电路设计在模块板上面，并且使用贴片元器件。

电路作用是向室外机 CPU 提供温度信号，室外环温传感器检测室外环境温度、室外管温传感器检测冷凝器温度、压缩机排气温度传感器检测排气管温度。

CPU 的㉚脚检测室外环温传感器温度、㉛脚检测室外管温传感器温度、㉜脚检测压缩机排气温度传感器温度。

三、压缩机顶盖温度开关电路

1. 作用

压缩机运行时壳体温度如果过高，内部机械部件会加剧磨损，压缩机线圈绝缘层容易因

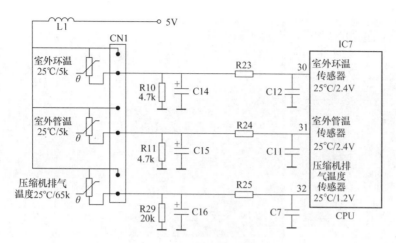

图6-8　传感器电路原理图

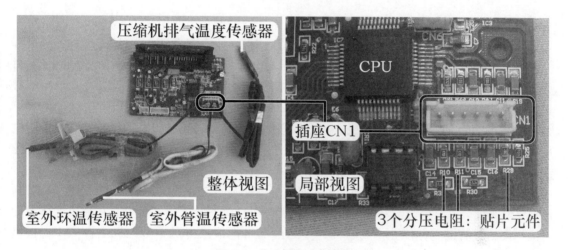

图6-9　传感器电路实物图

过热击穿发生短路故障。室外机CPU检测压缩机排气温度传感器温度，如果高于90℃，则会控制压缩机降频运行，使温度降到正常范围以内。

为防止压缩机过热，室外机电控系统还设有压缩机顶盖温度开关作为第二道保护，安装位置和实物外形见图6-10，作用是即使压缩机排气温度传感器损坏，压缩机运行时如果温度过高，室外机CPU也能通过顶盖温度开关检测。

顶盖温度开关检测压缩机顶部温度，正常情况温度开关闭合，对室外机运行没有影响；当压缩机顶部温度超过115℃时，温度开关断开，室外机CPU检测后控制压缩机停止运行，并通过通信电路将信息传送至室内机主板CPU，报出"压缩机过热"的故障代码。

2. 工作原理

图6-11为压缩机顶盖温度开关电路原理图，图6-12为实物图（温度开关为断开状态），电路在两种情况下运行，即温度开关为闭合状态或断开状态。

制冷系统运行正常时，压缩机壳体温度低于115℃，温度开关处于闭合状态，晶体管N201的基极相当于接地，发射结电压为0V，发射极、集电极间处于截止状态，5V电压经

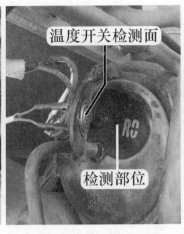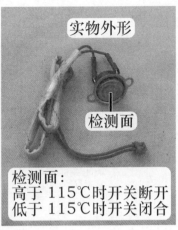

图6-10   压缩机顶盖温度开关安装位置和实物外形

电阻 R215 为 CPU 的㉔脚供电，因此温度开关闭合时 CPU 的㉔脚电压为 5V。

当因某种原因引起制冷系统运行不正常、压缩机壳体温度升高并超过 115℃时，温度开关断开，此时电阻 R230、发光二极管 LED201、电阻 R214 组成分压电路，R230 和 LED201 为上偏置电路，R214 为下偏置电路，R214 的阻值（4.7kΩ）比 R230 的阻值（1kΩ）大很多，分得的电压大于 0.7V，R214 与晶体管 N201 的发射结并联，N201 因发射结电压大于 0.7V 处于饱和导通状态，其发射极、集电极间此时相当于短路，CPU 的㉔脚接地，引脚电压由 5V 变为 0V，发光二极管也得电发光，提示维修人员注意温度开关已断开，压缩机壳体温度已经很高。

从上述原理可以看出，CPU 根据其㉔脚电压即能判断温度开关的状态。电压为 5V 时判断温度开关闭合，对控制电路没有影响；电压为 0V 时判断温度开关断开，压缩机壳体温度过高，控制压缩机立即停止运行，并通过通信电路将信息传送至室内机主板 CPU，报出"压缩机过热"的故障代码，供维修人员查看。

💡 说明：目前空调器室外机主板检测温度开关的电路不再使用三极管等元器件，由温度开关的插座直接连接 CPU 引脚。

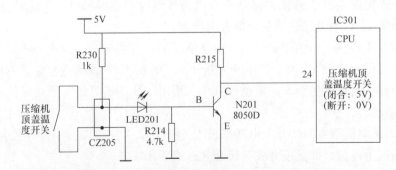

图6-11   压缩机顶盖温度开关电路原理图

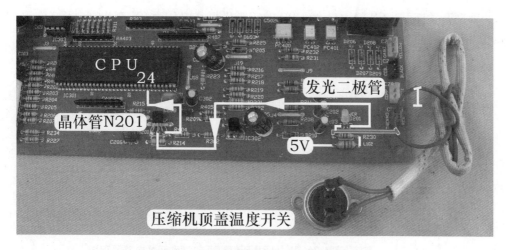

图 6-12　压缩机顶盖温度开关电路实物图

3. 常见故障

电路的常见故障是温度开关在静态（即压缩机未起动）时为断开状态，引起室外机不能运行的故障。检测时使用万用表电阻档测量引线插头，见图 6-13，正常阻值为 0Ω；如果测量结果为无穷大，则为温度开关损坏，应急时可将引线剥开，直接短路使用，等有配件时再更换。

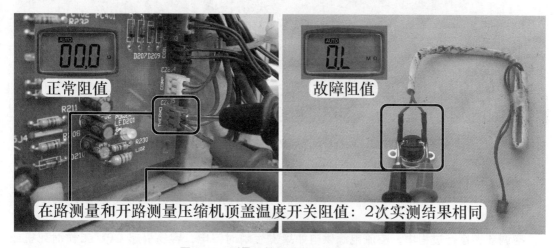

图 6-13　测量压缩机顶盖温度开关阻值

4. 海信 KFR-26GW/11BP 压缩机顶盖温度开关电路

图 6-14 为压缩机顶盖温度开关电路原理图，图 6-15 为实物图，该电路的作用是检测压缩机顶盖温度开关状态。温度开关安装在压缩机顶部接线端子附近，用于检测顶部温度，作为压缩机的第二道保护。

温度开关插座设计在室外机主板上，CPU 安装在模块板上，温度开关通过连接线的 1 号线连接至 CPU 的⑤脚，CPU 根据引脚电压为高电平或低电平，检测温度开关的状态。

制冷系统工作正常时温度开关为闭合状态，CPU 的⑤脚接地，为低电平 0V，对电路没有影响；如果运行时压缩机排气温度传感器失去作用或其他原因，使得压缩机顶部温度大于

115℃，温度开关断开，5V 经 R11 为 CPU 的⑤脚供电，电压由 0V 变为高电平 5V，CPU 检测后立即控制压缩机停机，并将故障代码通过通信电路传送至室内机 CPU。

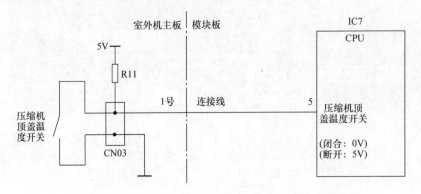

图 6-14　海信 KFR-26GW/11BP 压缩机顶盖温度开关电路原理图

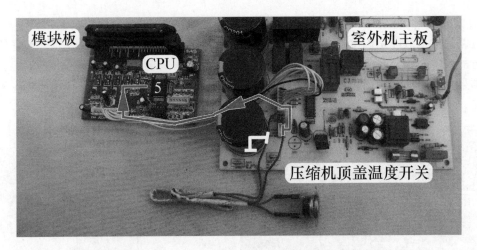

图 6-15　海信 KFR-26GW/11BP 压缩机顶盖温度开关电路实物图

四、瞬时停电检测电路

1. 作用

空调器在运行过程中，交流电源供电如果发生瞬时停电，容易引起 CPU 工作时死机或控制异常，因此设有瞬时停电检测电路，当 CPU 检测到供电有瞬时停电时，停机进行保护。

> 💡 说明：早期的电控系统室外机主板设有瞬时停电检测电路。目前的电控系统一般不再设计此电路，瞬时停电检测功能由室外机主板 CPU 根据输入的供电电压检测信号，通过软件计算得出；或室内机主板 CPU 通过过零检测电路，由软件计算得出；或直接没有设计瞬时停电检测电路。

2. 工作原理

图 6-16 为瞬时停电检测电路原理图，图 6-17 为实物图，工作原理与室内机主板的过零

检测电路基本相同，只是用处不同。

瞬时停电检测电路由电阻 R509、光耦合器 PC401 等元器件组成，工作在两种状态，即交流电源处于正半周或负半周。通电后交流电源通过电阻 R509 限流、C504 滤波，为光耦合器 PC401 初级内部发光二极管供电。

交流电源正半周即 L 正、N 负时，光耦合器 PC401 初级得到供电，内部发光二极管发光，使得次级光敏晶体管导通，CPU 的㉓脚经 R301 接地，因此为低电平 0V；交流电源负半周即 L 负、N 正时，光耦合器 PC401 初级无供电，内部发光二极管无电流通过不能发光，使得次级光敏晶体管截止，5V 电压经电阻 R209、R301 为 CPU 的㉓脚供电，因此为高电平 5V。

从上述原理得出，交流电源正半周和负半周极性交替变换，CPU 的㉓脚电压也在 0V ~ 5V ~ 0V ~ 5V 交替变换（即为跳变电压），室外机主板 CPU 根据变化的电压判断电源供电输入正常；如果 CPU 的㉓脚电压的跳变过程中有间隔现象，判断交流电源瞬时停电，控制室外机停止运行，并将信息通过通信电路传送至室内机主板 CPU，报出"室外机瞬时停电"的故障代码。

交流电源频率每秒为 50Hz，每 1Hz 为一个周期，一个周期由正半周和负半周组成，也就是说 CPU 的㉓脚电压每秒变化 100 次，速度变化极快，万用表显示值不为跳变电压而是稳定的直流电压。交流电源供电正常时，用万用表直流电压档实测 CPU 的㉓脚电压为 2.7V，光耦合器 PC401 初级电压为 0.25V。

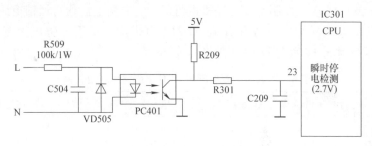

图 6-16　瞬时停电检测电路原理图

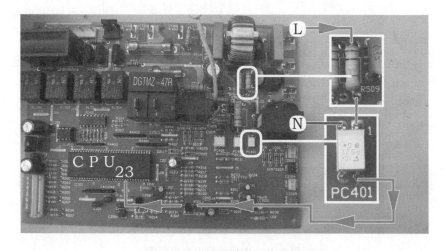

图 6-17　瞬时停电检测电路实物图

五、电压检测电路

1. 作用

空调器在运行过程中，如输入电压过高，相应直流 300V 电压也会升高，容易引起模块和室外机主板过热、过电流或过电压损坏；如输入电压过低，制冷量下降达不到设计的要求。因此室外机主板设置电压检测电路，CPU 检测输入的交流电源电压，在过高（超过交流 260V）或过低（低于交流 160V）时停机进行保护。

电压检测电路有两种常用形式：早期电控系统使用电压检测变压器；目前的电控系统通过检测直流 300V 母线电压，室外机 CPU 通过软件计算得出。

2. 工作原理

图 6-18 为电压检测电路原理图，图 6-19 为实物图，表 6-2 为输入交流电压与 CPU 引脚电压对应关系。电路由电压检测变压器 BT202、降压电阻 R504、整流电路 D206 ~ D209、分压电阻 R233 和 R224 等主要元器件组成。

交流电源 220V 电压经电阻 R504 降压后送至 BT202 一次绕组，BT202 二次绕组输出与交流电源成比例的电压，作为交流电源的取样电压，通过 D206 ~ D209 桥式整流、C205 滤波、R233 和 R224 分压，成为与交流电源成比例的直流电压，经 R222 送至 CPU 的⑰脚。

CPU 内部软件通过计算引脚直流电压，得出实际的交流电源电压值，如果检测交流电压高于 260V 或低于 160V，控制室外机停机进行保护，并将信息通过通信电路传送至室内机 CPU，报出"供电电压异常"的故障代码。D210 为钳位二极管，防止交流电压过高使得 CPU 的⑰脚电压超过 5.4V 而导致 CPU 过电压损坏。

表 6-2　输入交流电压与 CPU 引脚电压对应关系

输入交流电压/V	CPU 的⑰脚直流电压/V	输入交流电压/V	CPU 的⑰脚直流电压/V
160	1.36	170	1.5
180	1.6	190	1.73
200	1.85	210	2
220	2.08	230	2.2
240	2.3	250	2.4

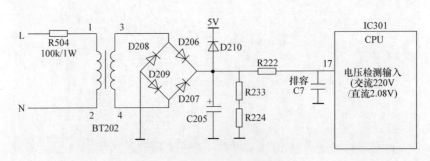

图 6-18　电压检测电路原理图

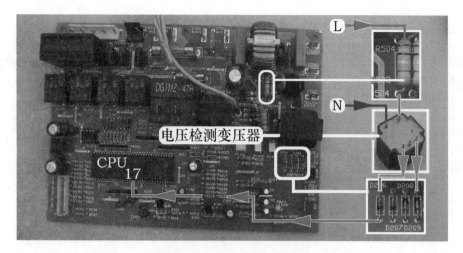

图6-19　电压检测电路实物图

3. 海信 KFR-26GW/11BP 电压检测电路

（1）工作原理

图6-20 为电压检测电路原理图，图6-21 为实物图，表6-3 为 CPU 引脚电压与交流输入电压对应关系。该电路的作用是检测输入的交流电源电压，当电压高于交流 260V 或低于160V 时停机，以保护压缩机和模块等部件。

本机电路未使用电压检测变压器等元器件检测输入的交流电压，而是通过电阻检测直流300V 母线电压，通过软件计算出实际的交流电压值，参照的原理是交流电压经整流和滤波后，乘以固定的比例（近似1.36）即为输出直流电压，即交流电压乘以1.36 即等于直流电压值。CPU 的㉝脚为电压检测引脚，根据引脚电压值计算出输入的交流电压值。

电压检测电路由电阻 R19 ~ R22、R12、R14 和电容 C4、C18 组成，从图6-20 可以看出，基本工作原理就是分压电路，取样点就是 P 接线端子上的直流300V 母线电压，R19 ~ R21、R12 为上偏置电阻，R14 为下偏置电阻，R14 的阻值在分压电路所占的比例为 1/109 $[R_{14}/(R_{19} + R_{20} + R_{21} + R_{12} + R_{14})$，即 5.1/（182 + 182 + 182 + 5.1 + 5.1）]，R14 两端电压经电阻 R22 送至 CPU 的㉝脚，也就是说，CPU 的㉝脚电压值乘以109 等于直流电压值，再除以1.36 就是输入的交流电压值。比如 CPU 的㉝脚当前电压值为 2.75V，则当前直流电压值为 299V（2.75V × 109），当前输入的交流电压值为 220V（299V ÷ 1.36）。

压缩机高频运行时，即使输入电压为标准的交流220V，直流300V 电压也会下降至直流240V 左右；为防止误判，室外机 CPU 内部数据设有修正程序。

> 💡 **说明：** 室外机电控系统使用热地设计，直流300V"地"和直流5V"地"直接相连。

（2）常见故障

电阻 R19 ~ R21 受直流300V 电压冲击，且由于贴片元器件功率较小，阻值容易变大或开路，室外机 CPU 检测后判断为"输入电源过电压或欠电压"，控制室外机停止运行进行保护，并将故障代码通过通信电路传送至室内机 CPU。

表6-3 CPU引脚电压与交流输入电压对应关系

CPU的③③脚直流电压/V	对应P接线端子上直流电压/V	对应输入的交流电压/V	CPU的③③脚直流电压/V	对应P接线端子上直流电压/V	对应输入的交流电压/V
1.87	204	150	2	218	160
2.12	231	170	2.2	245	180
2.37	258	190	2.5	272	200
2.63	286	210	2.75	299	220
2.87	312	230	3	326	240
3.13	340	250	3.23	353	260

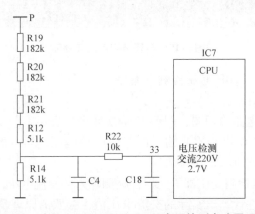

图6-20 海信 KFR-26GW/11BP 电压检测电路原理图

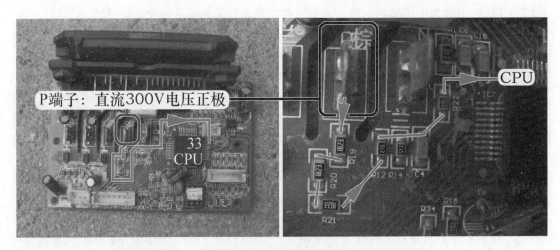

图6-21 海信 KFR-26GW/11BP 电压检测电路实物图

六、电流检测电路

1. 作用

空调器在运行过程中，由于某种原因（如冷凝器散热不良），引起室外机运行电流（主要是压缩机运行电流）过大，则容易损坏压缩机，因此变频空调器室外机主板均设有电流检测电路，在运行电流过大时进行保护。

电流检测电路有两种常用形式：早期电控系统使用电流检测变压器；目前的电控系统部分机型模块输出代表电流值的电压，经运算放大器放大后，输送至室外机 CPU，其通过软件计算得出压缩机运行电流，从而保护压缩机。

> 💡 **说明：**部分品牌的早期和目前的电控系统，电流检测电路使用电流互感器，工作原理与本节相同，只是使用的检测元器件不同。

2. 工作原理

图 6-22 为电流检测电路原理图，图 6-23 为实物图，表 6-4 为室外机运行电流与 CPU 引脚电压对应关系。

电流检测电路由电流检测变压器 BT201、整流电路 D201 ~ D204、分压电阻 R231 和 R232 等主要元器件组成。

电流检测变压器一次绕组串接在交流电压供电回路中，空调器上电后如果处于待机状态，BT201 一次绕组无电流通过，二次绕组无感应电压，CPU 的⑱脚电压也为 0V。

开机后室外机 CPU 控制压缩机频率逐渐上升，转速也逐渐升高，相应的电流也逐渐增加，BT201 二次绕组感应电压也逐渐变大，经 D201 ~ D204 整流、电阻 R231 和 R232 分压、电容 C207 滤波，变为随运行电流变化而变化的直流电压，作为运行电流的参考信号，送到 CPU 的⑱脚，CPU 内部电路根据输入电压值计算得出实际的运行电流值，并与内部或存储器的参考值相比较，如果 CPU 计算出运行电流高于一定值或一直为 0A，则控制室外机停机，并将信息通过通信电路送至室内机 CPU，显示"运行电流过大"或"无负载（即运行电流一直为 0A）"的故障代码。

压缩机工作在升频的过程，转速逐渐升高，运行电流逐渐升高，BT201 二次绕组的感应电压也逐渐上升，因此 CPU 的⑱脚电压也逐渐上升；反之如压缩机处于降频的过程，转速逐渐下降，CPU 的⑱脚电压也逐渐下降。D211 为钳位二极管，用于防止压缩机在升频过程中由于电流过大，使 CPU 的⑱脚电压超过 5.4V，而导致 CPU 过电压损坏。

表 6-4　室外机运行电流与 CPU 引脚电压对应关系

运行电流/A	CPU 的⑱脚电压/V	运行电流/A	CPU 的⑱脚电压/V
2	0.6	3.5	1
5.4	1.7	8	2.5

3. 海信 KFR-26GW/11BP 电流检测电路

（1）工作原理

图 6-24 为电流检测电路原理图，图 6-25 为实物图，表 6-5 为压缩机运行电流与 CPU 引脚电压对应关系。该电路的作用是检测压缩机运行电流，当 CPU 检测值高于设定值（制冷 10A、制热 11A）时停机，以保护压缩机和模块等部件。

本机电路未使用电流检测变压器或电流互感器检测交流供电引线的电流，而是模块内部

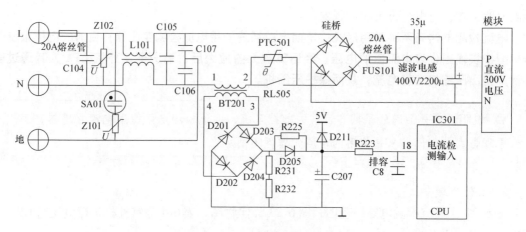

图 6-22　电流检测电路原理图

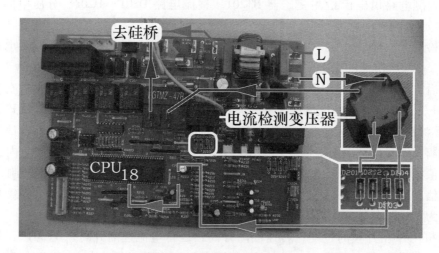

图 6-23　电流检测电路实物图

取样电阻输出的电压，将电流信号转化为电压信号并放大，供 CPU 检测。

电流检测电路由模块的⑳脚、IC3（LM358）、滤波电容 E7 等主要元器件组成，CPU 的㉞脚检测电流信号。

模块内部设有取样电阻（阻值小于 1Ω），将模块工作电流（可以理解为压缩机运行电流）转化为电压信号由⑳脚输出，由于电压值较低，没有直接送至 CPU 处理，而是送至运算放大器 IC3 的③脚同相输入端进行放大，IC3 将电压放大 10 倍（放大倍数由电阻R16/R17阻值决定），由①脚输出至 CPU 的㉞脚，CPU 内部软件根据电压值计算出对应的压缩机运行电流，对室外机进行控制。假如 CPU 根据电压值计算出当前压缩机运行电流在制冷模式下大于 10A，判断为"过电流故障"，控制室外机停机，并将故障代码通过通信电路传送至室内机 CPU。

本机模块由日本三洋公司生产，型号为 STK621-031，内部⑳脚集成取样电阻，将模块运行的电流信号转化为电压信号，用万用表电阻档实测⑳脚与 N 接线端子的阻值小于 1Ω（近似 0Ω）。

表 6-5　压缩机运行电流与 CPU 引脚电压对应关系

运行电流/A	CPU 的34脚电压/V	运行电流/A	CPU 的34脚电压/V
1	0.2	3	0.6
6	1.2	8	1.6

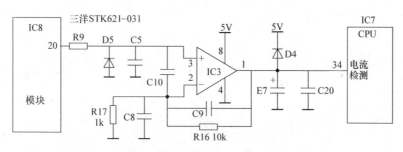

图 6-24　海信 KFR-26GW/11BP 电流检测电路原理图

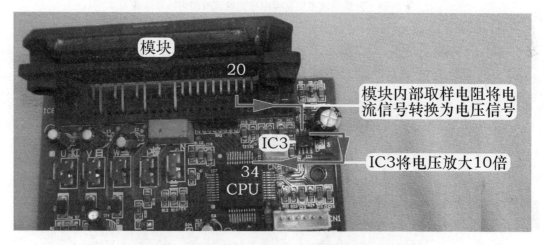

图 6-25　海信 KFR-26GW/11BP 电流检测电路实物图

（2）模块电流取样电阻

图 6-26 为外置模块电流取样电阻的电流检测电路原理图，图 6-27 为实物图。

目前变频空调器常用的还有日本三菱公司或美国飞兆（或译作仙童）公司的模块，内部没有集成电流取样电阻，改在外部设计，使用 5W 无感电阻，阻值通常在 20mΩ（即 0.02Ω）左右，实物见图 6-27，串接在直流 300V 电压负极 N 接线端子和模块 N 引脚之间。

该电阻的作用有两个：一是作为模块电流的取样电阻，将电流转化为电压信号由 LM358 放大后，输送至 CPU 作为检测压缩机运行电流的参考信号；二是作为模块短路的过电流检测电阻，将电流经 RC 阻容元件送至模块的 CSC 引脚，当压缩机运行电流过大或模块内部 IGBT 开关管短路时，取样电阻两端电压超过 CSC 引脚的阈值电压，内部 SC（过电流）保护电路控制驱动电路不再处理 6 路信号，由模块的 FO 端子输出保护信号至室外机 CPU 引脚，室外机 CPU 检测后停机进行保护，并将故障代码通过通信电路传送至室内机 CPU。

💡 **说明：** 电路原理图和实物图选用海信 KFR-26GW/11BP 后期模块板。早期的模块板模块选用三洋 STK621-031，由于 2008 年左右不再生产，替代的模块板模块改为飞兆 FSBB15CH60，电路只改动模块的相关部分和元器件编号。

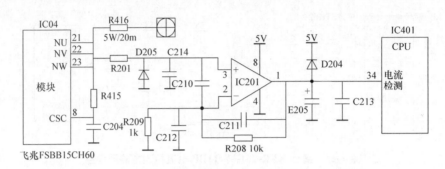

图 6-26　外置模块电流取样电阻的电流检测电路原理图

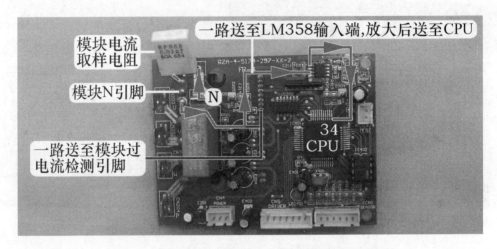

图 6-27　外置模块电流取样电阻的电流检测电路实物图

<hr>

·第二节　输出部分电路·

一、主控继电器电路

1. 作用

主控继电器电路为室外机供电，并与 **PTC 电阻组成延时防瞬间大电流充电电路，对直流 300V 滤波电容充电。** 上电初期，交流电源经 PTC 电阻、硅桥为滤波电容充电，直流 300V 电压为开关电源电路供电，开关电源电路输出电压，其中的一路直流 5V 为室外机 CPU 供电，CPU 工作后检测通信信号，正常后控制主控继电器触点吸合，由主控继电器触点为室外机供电。

2. 工作原理

图 6-28 为主控继电器电路原理图，图 6-29 为实物图，表 6-6 为 CPU 引脚电压与继电器触点状态对应关系。

电路由 CPU 的㊹脚、限流电阻 R309、反相驱动器 IC401 的⑤和⑫脚、主控继电器 RL505 组成。

CPU 需要控制 RL505 触点闭合时，CPU 的㊹脚输出高电平约 5V 电压，经限流电阻 R309 送到 IC401 的⑤脚（电压约 2V），使反相驱动器内部电路翻转，IC401 的⑫脚电压变为低电平（约 0.8V），主控继电器 RL505 线圈两端电压为直流 11.2V，产生电磁吸力使触点 3-4 闭合。

CPU 需要控制 RL505 触点断开时，CPU 的㊹脚为低电平 0V，IC401 的⑤脚电压也为 0V，内部电路不能翻转，IC401 的⑫脚为高电平 12V，RL505 线圈两端电压为直流 0V，由于不能产生电磁吸力，触点 3-4 断开。

表 6-6　CPU 引脚电压与继电器触点状态对应关系

CPU 的㊹脚电压/V	IC401 的⑤脚电压/V	IC401 的⑫脚电压/V	RL505 线圈 1-2 电压/V	RL505 触点 3-4 状态
直流 4.8	直流 2	直流 0.8	直流 11.2	闭合
直流 0	直流 0	直流 12	直流 0	断开

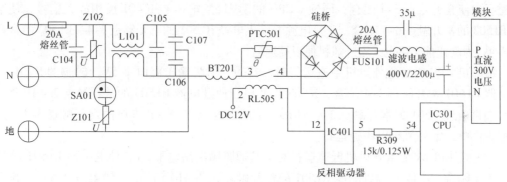

图 6-28　主控继电器电路原理图

![图6-29 主控继电器电路实物图]

图 6-29　主控继电器电路实物图

二、室外风机电路

1. 作用

室外机 CPU 根据室外环温传感器和室外管温传感器的温度信号，处理后控制室外风机按高、中、低 3 个转速运行，为冷凝器散热。

（1）制冷模式

室外机 CPU 检测室外环温高于 28℃ 时控制室外风机高速运行。若室外环温低于 28℃，室外管温决定室外风机转速，室外管温小于 30℃ 时室外风机不运行，在 30~35℃ 之间时以低速运行，在 36~40℃ 之间时以中速运行，大于 41℃ 时以高速运行。

（2）制热模式

室外环温决定室外风机转速。室外环温大于 16℃ 时室外风机以低速运行，在 10~15℃ 之间时以中速运行，小于 10℃ 时以高速运行。

2. 工作原理

图 6-30 为室外风机电路原理图，图 6-31 为实物图，室外机 CPU 需要室外风机高速运行时，其㊾、㊽脚输出高电平 5V，㊾脚的 5V 电压经电阻 R305 限流后送至 IC401 的①脚（约 2V），内部电路翻转，IC401 的⑯脚为低电平 0.8V，继电器 RL501 线圈 1-2 得到供电，产生电磁吸力使常开触点 3-4 闭合；同理，CPU 的㊽脚 5V 电压经 IC401 反相放大信号，使继电器 RL502 的常开触点 3-4 闭合。于是电源 L 端供电经 RL501 的常开触点 3-4→RL502 的常开触点 3-4，为高速抽头供电，室外风机便以高速运行。

室外机 CPU 需要室外风机中速运行时，其㊾、㊺脚输出高电平 5V，㊾脚的 5V 电压使继电器 RL501 常开触点 3-4 闭合，㊺脚的 5V 电压使继电器 RL503 的常开触点 3-4 闭合，电源 L 端供电经 R501 的常开触点 3-4→RL502 的常闭触点 3-5→RL503 的常开触点 3-4，为中速抽头供电，室外风机以中速运行。

室外机 CPU 需要室外风机低速运行时，其㊾脚输出高电平 5V，使继电器 RL501 的常开触点 3-4 闭合，电源 L 端供电经 RL501 的常开触点 3-4→RL502 的常闭触点 3-5→RL503 的常闭触点 3-5，为低速抽头供电，室外风机以低速运行。

室外机 CPU 需要室外风机停止运行时，只要㊾脚输出低电平 0V，继电器 RL501 的常开触点 3-4 断开，室外风机就会因无供电而停止运行。

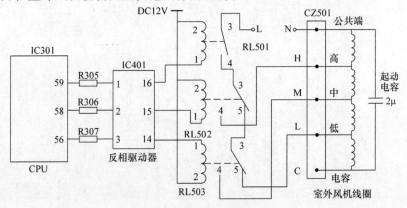

图 6-30　室外风机电路原理图

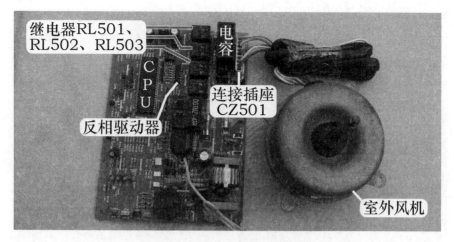

图 6-31　室外风机电路实物图

3. 海信 KFR-26GW/11BP 室外风机电路

图 6-32 为室外风机电路原理图，图 6-33 为实物图。该电路的作用是驱动室外风机运行，为冷凝器散热。

室外机 CPU 的⑥脚为室外风机高风控制引脚，⑦脚为低风控制引脚，由于本机室外风机只有一个转速，实际电路只使用 CPU 的⑥脚，⑦脚空闲。电路由限流电阻 R12、反相驱动器 IC03 的③和⑭脚、继电器 RY03 组成。

该电路的工作原理和主控继电器驱动电路基本相同，需要控制室外风机运行时，CPU 的⑥脚输出高电平 5V 电压，经电阻 R12 限流后为直流 2.5V，送至 IC03 的③脚，反相驱动器内部电路翻转，⑭脚电压变为低电平（约 0.8V），继电器 RY03 线圈两端电压为直流 11.2V，产生电磁吸力使触点 3-4 闭合，室外风机线圈得到供电，在起动电容的作用下旋转运行，为冷凝器散热。

室外机 CPU 需要控制室外风机停止运行时，⑥脚变为低电平 0V，IC03 的③脚也为低电平 0V，内部电路不能翻转，⑭脚为高电平 12V，RY03 线圈两端电压为直流 0V，由于不能产生电磁吸力，触点 3-4 断开，室外风机因失去供电而停止运行。

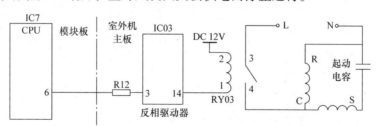

图 6-32　海信 KFR-26GW/11BP 室外风机电路原理图

三、四通阀线圈

1. 工作原理

图 6-34 为四通阀线圈电路原理图，图 6-35 为实物图。**该电路的作用是控制四通阀线圈**

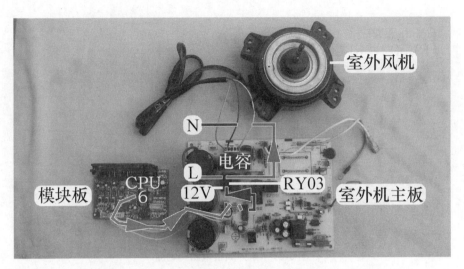

图 6-33　海信 KFR-26GW/11BP 室外风机电路实物图

的供电与否，从而控制空调器工作在制冷或制热模式。

电路由 CPU 的㊺脚、限流电阻 R308、反相驱动器 IC401 的④和⑬脚、继电器 RL504 组成。

室内机 CPU 对遥控器输入信号或应急模式下的室内环温信号处理后，空调器需要工作在制热模式时，将控制信息通过通信电路传送至室外机 CPU，其㊺脚输出高电平 5V 电压，经限流电阻 R308 后送到 IC401 的④脚（电压约 2V），反相驱动器内部电路翻转，⑬脚电压变为低电平（约 0.8V），继电器 RL504 线圈两端电压为直流 11.2V，产生电磁吸力使触点 3-4 闭合，四通阀线圈得到交流 220V 电源，吸引四通阀内部磁铁移动，在压力的作用下转换制冷剂流动的方向，使空调器工作在制热模式。

当空调器需要工作在制冷模式时，室外机 CPU 的㊺脚为低电平 0V，IC401 的④脚电压也为 0V，内部电路不能翻转，⑬脚为高电平 12V，RL504 线圈两端电压为直流 0V，由于不能产生电磁吸力，触点 3-4 断开，四通阀线圈两端电压为交流 0V，对制冷系统中制冷剂的流动方向的改变不起作用，空调器工作在制冷模式。

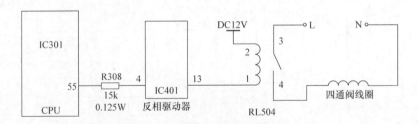

图 6-34　四通阀线圈电路原理图

2. 安装位置

四通阀线圈安装在四通阀阀体表面，测量线圈时使用万用表电阻档，见图 6-36，表笔直接测量插头两端，正常阻值约 1.3kΩ。

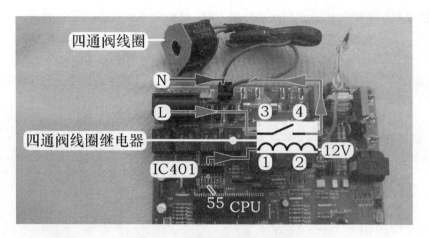

图6-35 四通阀线圈电路实物图

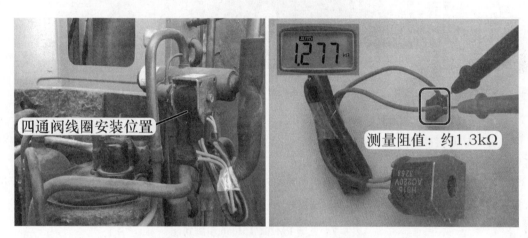

图6-36 四通阀线圈安装位置和测量阻值

·第三节 模块驱动电路·

一、6 路信号

1. 基础知识

本机模块的型号为三菱 PM20CTM060（最大工作电流 20A、最高工作电压 600V），在早期的变频电控系统中大量使用。由于室外机 CPU 输出的 6 路信号不能直接和模块内部的输入电路相连接，因此在室外机 CPU 输出端子与模块输入端子之间设有 6 个高速光耦合器，用来传递信号。

模块输出端有 **U、V、W 3 个端子，每个输出端对应一组桥臂，每组桥臂由上桥（P侧）和下桥（N 侧）组成，因此信号输入端子有 6 路**，分别是 U ＋、U －、V ＋、V －、W ＋、W －。U ＋、V ＋、W ＋输入的信号控制 3 个上桥（即 P 侧）IGBT 开关管，U －、V －、W －输入的信号控制 3 个下桥（即 N 侧）IGBT 开关管。

由于模块有 **6** 个输入端子，因此室外机 **CPU** 有 **6** 个输出信号端子，传递信号的光耦合器也是 **6** 个，室外机主板与模块板的连接信号引线也是 **6** 根。

2. 6 路信号工作流程（见图 6-37）

①室外机 CPU 输出 6 路信号→②光耦合器传递信号→③模块放大信号→④压缩机得电运行。

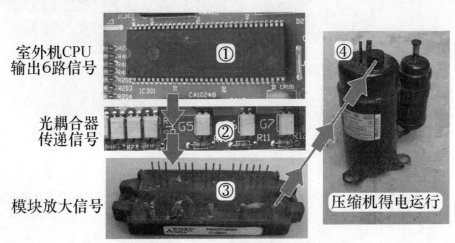

室外机CPU
输出6路信号

光耦合器
传递信号

模块放大信号

压缩机得电运行

图 6-37 6 路信号工作流程

3. 三菱 PM20CTM060 引脚功能

三菱 PM20CTM060 引脚功能见表 6-7，实物图见图 6-38，共有 20 个引脚，弱电一侧有 15 个引脚，强电一侧有 5 个引脚。

弱电侧有 6 个引脚为 6 路信号输入，8 个引脚为供电（4 路 15V 供电），1 个引脚为保护信号输出；强电侧有 2 个引脚为直流 300V 电压输入，3 个引脚为 U、V、W 压缩机输出。

表 6-7 三菱 PM20CTM060 引脚功能

弱电侧						
6 路信号输入			4 路直流 15V 电源输入			保护信号
引脚	英　文	作　用	引脚	英　文	作　用	
②	UP 或 U +	U 相上桥信号输入	①	VUPC 或 VU −	U 相上桥驱动电路 15V 负极	
⑫	UN 或 U −	U 相下桥信号输入	③	VUPI 或 VU +	U 相上桥驱动电路 15V 正极	
⑤	VP 或 V +	V 相上桥信号输入	④	VVPC 或 VV −	V 相上桥驱动电路 15V 负极	
⑬	VN 或 V −	V 相下桥信号输入	⑥	VVPI 或 VV +	V 相上桥驱动电路 15V 正极	保护信号输出⑮脚（FO）
⑧	WP 或 W +	W 相上桥信号输入	⑦	VWPC 或 VW −	W 相上桥驱动电路 15V 负极	
⑭	WN 或 W −	W 相下桥信号输入	⑨	VWPI 或 VW +	W 相上桥驱动电路 15V 正极	
			⑩	VNC	下桥共用 15V 负极	
			⑪	VNI	下桥共用 15V 正极	
强电侧						
直流 300V 电压输入			输出端			
⑯脚（P）：直流 300V 电压正极			⑱脚（U）、⑲脚（V）、⑳脚（W）模块输出，驱动压缩机运行			
⑰脚（N）：直流 300V 电压负极						

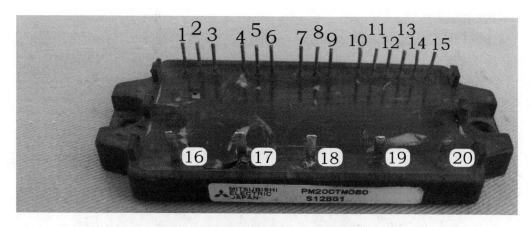

图 6-38　三菱 PM20CTM060 实物图

4. 工作原理

图 6-39 为 U 相上桥 IGBT 驱动电路原理图，图 6-40 为实物图，表 6-8 为 CPU 输出 6 路信号与模块输入引脚对应关系。

室外机 CPU 输出有规律的 6 路控制信号，经光耦合器送至模块内部电路，驱动内部 6 个 IGBT 开关管有规律的导通与截止，将直流 300V 电压转换为频率可变的交流电压，驱动压缩机以高频或低频的任意转速运行。由于室外机 CPU 输出 6 路信号控制模块内部 IGBT 开关管的导通与截止，因此压缩机转速由室外机 CPU 决定，模块只起一个放大信号时转换电压的作用。

室外机 CPU 的④～⑨脚输出 6 路信号，经连接引线送至模块板上 6 个光耦合器初级的负极，光耦合器次级连接模块的 6 个信号输入端。

6 路信号传送过程的工作原理相同，以 U＋（U 相上桥驱动）信号为例说明。室外机 CPU 的⑨脚输出的驱动信号经电阻 R207 后，再经室外机主板与模块板连接线中的 6 号引线送到模块板上光耦合器 G7 初级的负极，次级的发射极连接模块的②脚。如果室外机 CPU 输出信号为高电平，G7 初级无电压使得次级截止，模块的②脚无驱动电压输入为低电平，相应的 U 相上桥 IGBT 开关管截止；如室外机 CPU 输出信号为低电平，G7 初级发光二极管得电发光，使得次级光敏晶体管导通，直流 15V 电压经次级至模块的②脚为高电平，相应的 U 相上桥 IGBT 开关管导通。由此可以看出，室外机 CPU 输出的 6 路信号经光耦合器隔离、模块内部放大后控制 6 个 IGBT 开关管按顺序导通与截止，使得直流 300V 电压转换为频率可

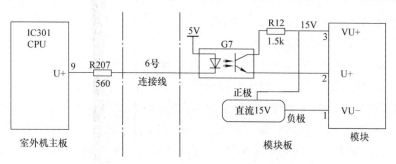

图 6-39　U 相上桥 IGBT 驱动电路原理图

调的三相模拟交流电压。

室外机 CPU 输出的 6 路信号频率变化非常快，用万用表直流电压档根本测量不出为高电平或低电平，只能判断室外机 CPU 是否输出信号。实测室外机主板与模块板的引线电压，6 路信号相同，待机时为直流 5V，压缩机运行（无论高频或低频）时为直流 4.5V。

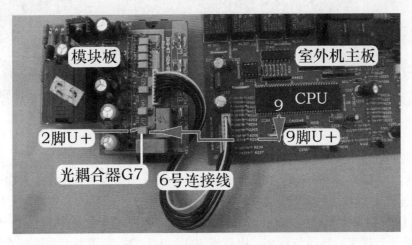

图 6-40　U 相上桥 IGBT 驱动电路实物图

表 6-8　CPU 输出 6 路信号与模块输入引脚对应关系

6 路 信 号	CPU 输出引脚	主 板 电 阻	连接线编号	光耦合器编号	模块输入引脚
U +	⑨	R207	6	G7	②
U −	⑥	R205	5	G4	⑫
V +	⑧	R206	4	G6	⑤
V −	⑤	R204	3	G3	⑬
W +	⑦	R203	2	G5	⑧
W −	④	R202	1	G2	⑭

5. 海信 KFR-26GW/11BP 6 路信号电路

图 6-41 为 6 路信号电路原理图，图 6-42 为实物图。

室外机 CPU 输出有规律的控制信号，直接送至模块内部电路，驱动内部 6 个 IGBT 开关管有规律的导通与截止，将直流 300V 电压转换为频率与电压均可调的三相模拟交流电压，驱动压缩机以高频或低频的任意转速运行。

由于室外机 CPU 输出 6 路信号控制模块内部 IGBT 开关管的导通与截止，因此压缩机转速由室外机 CPU 决定，模块只起一个放大信号时转换电压的作用。

室外机 CPU 的①、㊹~㊿脚共 6 个引脚输出 6 路信号，直接送至模块 IC8（三洋 STK621-031）的 6 路信号输入引脚，经内部控制电路处理后，驱动 6 个 IGBT 开关管有规律的导通与截止，将 P、N 端子的直流 300V 电压转换为频率可调的交流电压由 U、V、W 3 个端子输出，驱动压缩机运行。

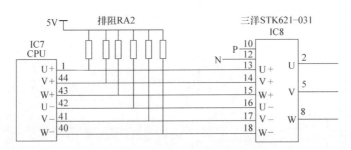

图 6-41 6 路信号电路原理图

图 6-42 6 路信号电路实物图

二、模块保护信号

1. 作用

模块内部使用智能电路，不仅处理室外机 CPU 输出的 6 路信号，而且设有保护电路，示意图见图 6-43，当模块内部控制电路检测到直流 15V 电压过低、基板温度过高、运行电流过大或内部 IGBT 开关管短路引起电流过大故障时，均会关断 IGBT 开关管，停止处理 6 路信号，同时 FO 引脚变为低电平，室外机 CPU 检测后判断为"模块故障"，停止输出 6 路信号，控制室外机停机，并将故障代码通过通信电路传送至室内机 CPU。

2. 保护内容

① 控制电源欠电压保护：模块内部控制电路使用外接的直流 15V 电压供电，当电压低于直流 12.5V 时，模块驱动电路停止工作，不再处理 6 路信号，同时输出保护信号至室外机 CPU。

② 过热保护：模块内部设有温度传感器，如果检测基板温度超过设定值（110℃），模块驱动电路停止工作，不再处理 6 路信号，同时输出保护信号至室外机 CPU。

③ 过电流保护：工作时如内部电路检测 IGBT 开关管电流过大，模块驱动电路停止工作，不再处理 6 路信号，同时输出保护信号至室外机 CPU。

④ 短路保护：如负载发生短路、室外机 CPU 出现故障、模块被击穿时，IGBT 开关管的

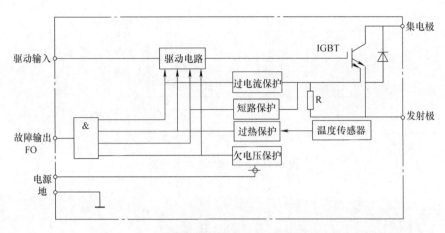

图 6-43　模块保护电路示意图

上、下臂同时导通，模块检测后控制驱动电路停止工作，不再处理 6 路输入信号，同时输出保护信号至室外机 CPU。

3. 工作原理

图 6-44 为模块保护电路原理图，图 6-45 为实物图，表 6-9 为模块 FO 引脚（⑮脚）与 CPU 引脚（㉒脚）电压对应关系。

室外机电控系统上电后，如模块的直流 15V 供电电压、负载和内部没有短路故障，将处于正常的待机状态，模块的⑮脚输出高电平（为直流 14.9V），光耦合器 G1 初级发光二极管两端电压只有 0.1V，因此不能发光，使得次级光敏晶体管处于截止状态，5V 电压经模块板上电阻 R13、室外机主板上电阻 R234 送至室外机 CPU 的㉒脚，为高电平 5V，室外机 CPU 检测后判断模块正常，处于待机状态。

如果运行或待机时模块内部电路检测到上述的 4 种保护（欠电压、过热、过电流、短路），此处以控制电源 15V 欠电压保护为例（即输入的直流 15V 电压降低至直流 12V），模块不再处理输入的 6 路信号，同时其⑮脚输出低电平（约 5.8V），输入的直流 12V 电压经电阻 R6 限流，到光耦合器 G1 初级发光二极管正极的电压约 6.9V，此时 G1 初级发光二极管两端电压为直流 1.1V，初级发光二极管发光，使得次极光敏晶体管导通，室外机 CPU 的㉒脚通过电阻 R234、G1 次级接地，电压为低电平 0V，室外机 CPU 判断模块保护，不再输出 6 路信号，控制室外机停机，并将信息通过通信电路送至室内机 CPU，报出"模块保护"的故障代码。

> 💡 说明：由于模块检测的 4 种保护使用同一个输出端子，因此室外机 CPU 检测后只能判断"模块保护"，而具体是哪一种保护则判断不出来。

表 6-9　模块的⑮脚与 CPU 的㉒脚电压对应关系

状　　态	模块的⑮脚	光耦合器初级正极	光耦合器初级两端电压	10 号连接线	CPU 的㉒脚
正常待机/V	14.9	15	0.1	5	5
欠电压保护/V	5.8	6.9	1.1	0	0

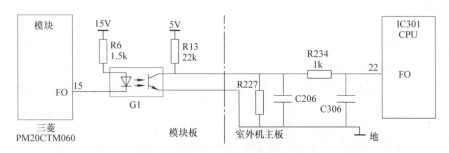

图 6-44　模块保护电路原理图

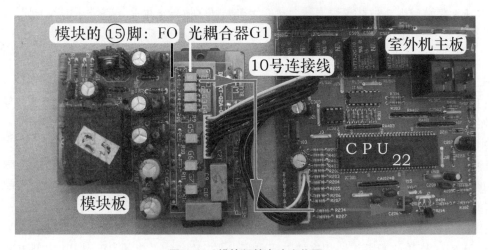

图 6-45　模块保护电路实物图

4. 测量 4 种保护注意事项

测量时使用万用表直流电压档，直流 15V 电压和直流 5V 电压的"地"不相通，因此黑表笔应连接各自的"地线"，否则测量得出的电压为错误值。

① 控制电源直流 15V 如果一直处于欠电压保护，则模块的⑮脚一直为低电平，光耦合器 G1 初级电压一直为 1.1V，室外机 CPU 的㉒脚为低电平 0V。

② 过热保护中，模块基板的温度高于保护值 110℃时，模块的⑮脚为低电平，模块不再处理 6 路信号（室外机 CPU 检测后也不再输出 6 路信号），模块温度会逐渐下降，低于约 100℃时，⑮脚恢复为高电平。

③ 过电流保护中，模块内部电路检测到电流过大，⑮脚输出低电平后，室外机 CPU 控制立即停机，因此⑮脚的低电平电压一般测量不出来。

④ 短路保护中，如果上、下桥臂的 IGBT 开关管直接导通，相当于直流 300V 电压短路，室外机上电时 PTC 电阻因电流过大处于开路状态，室外机电控系统无供电；即使是单个桥臂击穿，直流 300V 电压也会降低，因此不需要测量⑮脚的低电平电压。

5. "模块保护"故障代码检修方法

开机后室外机停机，室内机报出"模块保护"的故障代码时，可按以下步骤检查。

① 断电后拔下模块 P、N、U、V、W 5 个端子的引线，使用万用表二极管档，测量模块是否正常，如击穿，则更换模块。

② 上电后使用万用表直流电压档，测量直流 15V 电压，如低于正常值或高于正常值，应检查开关电源电路。

③ 如开机时压缩机起动后室外机立即停机，室内机报出故障代码，应拔下压缩机的 3 根引线，再次上电开机，检查故障代码内容，仍报出"模块保护"的故障代码，为模块故障；如改报出"无负载"的故障代码，为压缩机卡缸或线圈短路损坏，可更换压缩机试机。

> 💡 **说明**：室外机 CPU 只有 1 个检测压缩机壳体温度的引脚，压缩机卡缸或线圈短路，室外机 CPU 不能直接判断，只能依靠模块间接判断。如果压缩机卡缸或线圈短路损坏，起动时则会引起模块电流过大，其⑮脚 FO 输出低电平，室外机 CPU 判断为"模块保护"，因此检修"模块保护"故障时，应检查压缩机是否损坏。

6. 海信 KFR-26GW/11BP 模块保护信号电路工作原理

（1）电路原理

图 6-46 为模块保护电路原理图，图 6-47 为实物图。

本机模块的⑲脚为 FO 保护信号输出引脚，CPU 的②脚为模块保护信号检测引脚。模块保护输出引脚为集电极开路型设计，正常情况下此脚与外围电路不相连，CPU 的②脚和模块的⑲脚通过排阻 RA2 中代号 R1 的电阻（4.7kΩ）连接至 5V，因此模块正常工作即没有输出保护信号时，CPU 的②脚和模块的⑲脚的电压均为 5V。

如果模块内部电路检测到上述 4 种故障，停止处理 6 路信号，同时⑲脚接地，CPU 的②脚经电阻 R1、模块的⑲脚与地相连，电压由高电平 5V 变为低电平 0V，CPU 内部电路检测后停止输出 6 路信号，停机进行保护，并将故障代码通过通信电路传送至室内机 CPU。

（2）电路说明

三洋 STK621-031 模块内部保护电路工作原理和三菱 PM20CTM60 模块基本相同，只不过本机模块内部接口电路使用专用芯片，可以直接连接 CPU 引脚，中间不需要光耦合器；而三菱 PM20CTM60 属于第二代模块，引脚不能和 CPU 相连，中间需要光耦合器传递信号。

三菱第三代和后续系列模块内部接口电路也使用专用芯片，同样可以直接连接 CPU 引脚，和本机模块相同。

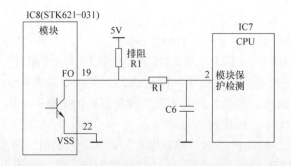

图 6-46　海信 KFR-26GW/11BP 模块保护电路原理图

图 6-47 海信 KFR-26GW/11BP 模块保护电路实物图

第七章

变频空调器开关电源和单元电路故障

·第一节　开关电源电路故障·

一、开关电源检测电阻开路，报通信故障

故障说明： 海信 KFR-2609GW/BP 变频空调器，遥控开机后，室内机"电源"、"运行"指示灯亮，但压缩机和室外风机均不运行，测量室外机接线端子中的 L 与 N 端供电为交流 220V，N 与 S 端电压为轻微跳变的直流 24V，说明室内机已向室外机输出供电，但室外机没有工作，2min 后室内机停止输出供电，按压遥控器上的"传感器切换"键两次，显示板组件上的"电源"、"运行"指示灯亮，查故障代码含义为"通信故障"。图 7-1 为开关电源电路原理图。

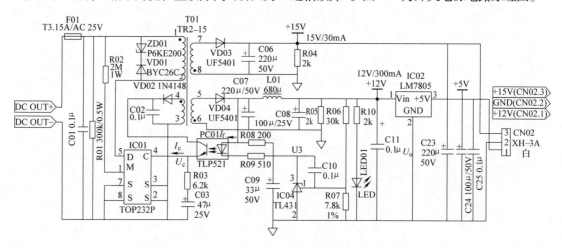

图 7-1　海信 KFR-2609GW/BP 开关电源电路原理图

1. 测量直流 300V 电压

使用万用表直流电压档，见图 7-2 左图，测量室外机直流 300V 电压，由于本机滤波电容焊在室外机主板上面，因此直接测量模块 P、N 端电压（红表笔接 P 端，黑表笔接 N 端），正常电压值为直流 300V，实测电压值为直流 297V，说明室外机强电通路正常，室外机接线端子上的交流 220V 已整流成为直流 300V 电压，并且已送至模块 P、N 端。

查看室外机主板上的直流 12V 电压指示灯 LED01 不亮，见图 7-2 右图，初步判断开关电源未工作。

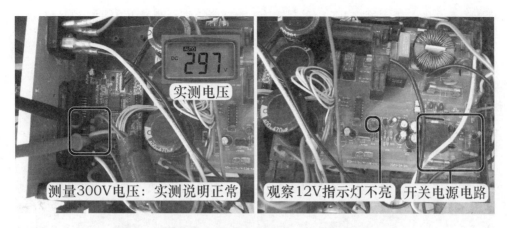

图 7-2　测量直流 300V 电压和直流 12V 电压指示灯不亮

2. 测量直流 12V 和 15V 电压

依旧使用万用表直流电压档，见图 7-3，黑表笔接地（实接 7805 中间引脚），红表笔接 12V 整流二极管 D04 正极，正常电压值为直流 12V，实测电压值约为 0V，测量 5V 电压即 7805 的③脚输出端也约为 0V；红表笔改接 15V 整流二极管 D03 正极，正常电压值为直流 15V，实测电压值约为 0V。直流 12V 和 15V 电压均为 0V，确定开关电源未工作。

> 说明：如直流 12V 支路输出电压为 0V，有 12V 负载短路或开关电源未工作两种原因，而测量直流 15V 支路电压仍为 0V，则可判断开关电源未工作。

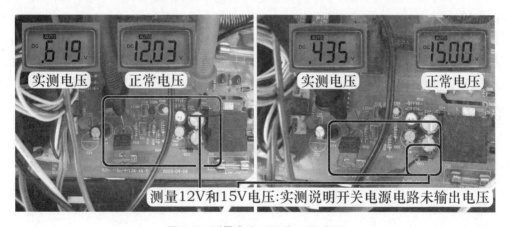

图 7-3　测量直流 12V 和 15V 电压

3. 测量开关电源集成电路供电电压

依旧使用万用表直流电压档，见图 7-4 左图，测量开关电源集成电路 IC01（型号为 TOP232P）的漏极（D）电压，黑表笔接⑦脚直流 300V 电压地，红表笔接⑤脚，实测电压约为直流 300V，等于供电电压，说明 IC01 的漏极引脚未对地短路，且直流 300V 已送至 IC01（也可间接判断开关电源的熔丝管 F01 正常），由于 IC01 的漏极电压正常时万用表显示值为跳动变化的直流 300V 电压，因此实测电压也说明开关电源未振荡运行。

见图7-4右图，黑表笔接 IC01 的②脚，红表笔接④脚，测量 IC01 的控制（C）引脚电压，实测电压值与正常电压值基本相同，说明控制引脚电压基本正常。

> 💡 说明：TOP232P 的②、③、⑦、⑧脚为源极（S），4 个引脚相连，接直流300V 电压负极。

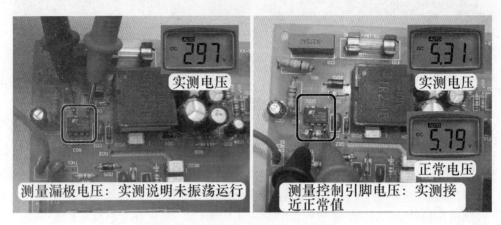

图 7-4　测量漏极和控制引脚电压

4. 测量过/欠电压检测引脚电压

见图7-5左图，黑表笔接 IC01 的③脚、红表笔接①脚，测量 IC01 的过/欠电压检测（M）引脚电压，正常值约为 2.8V，而实测电压约为 1.8V，说明开关电源未振荡运行是由于①脚电压过低，IC01 检测后判断为输入电压过低即欠电压故障，控制内部振荡器不工作。

IC01 通过外接电阻 R02（2MΩ/1W）接直流 300V 正极，达到检测输入电压的目的，断开空调器电源，使用烙铁插头并接在滤波电容两端，将其存有的电压放净至直流 0V 时，使用万用表电阻档测量 R02 阻值，见图7-5右图，正常阻值应约为 2MΩ，实测阻值为无穷大，将电阻取下后实测仍为无穷大，说明 R02 开路。

> 💡 说明：由于滤波电容内存有电压，并能保持较长的时间，即使断开空调器电源后，只要不将滤波电容的电压放净，室外机主板仍有较高的电压，这时使用万用表电阻档测量开关电源电路中的元器件时，将影响测量结果（即得出显示值错误），并很有可能损坏万用表。此时可以使用烙铁插头并接在滤波电容两端放净电压，或者断开开关电源的熔丝管（断开时一定要注意安全）。

维修措施： 更换电阻 R02，见图7-6，由于暂时没有阻值为 2MΩ 的电阻，因此实际维修时使用 2 个 1MΩ 的电阻串联代替，上电开机后直流 12V 电压指示灯亮，压缩机和室外风机开始工作，再次测量 IC01 的①脚电压为直流 2.8V。

应急措施： 由于 2MΩ 的电阻不容易找到，实际维修中可以参考图 7-16，使用 2 个 1MΩ 的电阻串联代替，如果两个 1MΩ 的电阻也找不到，可以使用以下方法。

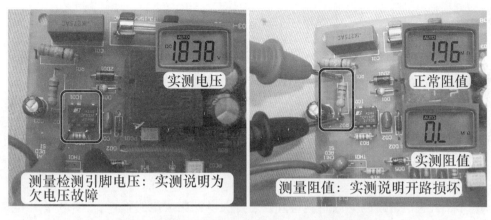

图 7-5 测量过/欠电压检测引脚电压和检测电阻阻值

图 7-6 更换检测电阻后测量过/欠电压检测引脚电压

经查资料 TOP232P 的①脚为多功能引脚 M，通过外接电阻具有过电压（OV）、欠电压（UV）检测功能，如果连接源极引脚，就取消了过电压和欠电压保护功能，因此维修时可将①脚和②脚的焊点直接短接，见图 7-7，这样即使检测电阻开路（或未安装检测电阻），开关电源电路同样能正常工作。

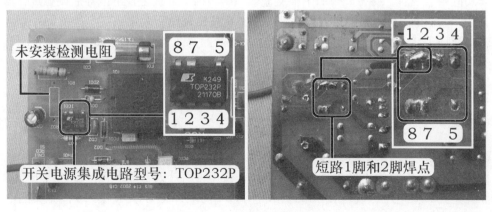

图 7-7 短路检测电阻方法

总结

① 本例由于过/欠电压检测电阻开路，TOP232P 开关电源集成电路检测后，判断为输入电压过低，因而控制内部振荡电路不工作，开关电源也处于停振状态，二次侧直流 12V 电压为 0V，7805 输出端电压也为 0V，室外机 CPU 不能工作，无法接收和发送通信信号，室内机 CPU 因接收不到通信信号，2min 后停止室外机供电，报出"通信故障"的故障代码。

② 过/欠电压检测电阻由于连接直流 300V 电压正极，受强电压冲击，阻值容易变大或开路损坏，实际检修中应检查其阻值。

③ 本例开关电源电路如因熔丝管开路、开关电源集成电路损坏、TL431 稳压电路损坏等故障，开关电源不能工作，直流 12V 输出电压为 0V 或低于正常值，导致 7805 输出端电压为 0V，所引发的故障现象与本例相同，室内机均会报出"通信故障"的故障代码。

二、开关变压器一次供电绕组开路，室外机不运行

故障说明：海信 KFR-26GW/27BP 交流变频空调器，用户反映不制冷，上门检查，遥控开机，能听到室内机主控继电器触点吸合的声音，说明室内机已向室外机供电，到室外机检查，室外风机和压缩机均不运行，测量室外机接线端 1 号 L 端和 2 号 N 端电压为交流 220V，2 号 N 端和 4 号 S 端电压为直流 24V，说明室外机无供电，取下室外机外壳，观察到直流 12V 电压指示灯不亮，测量滤波电容两端直流 300V 电压正常，测量开关电源二次侧输出端直流 12V 和 15V 电压均为 0V，判断室外机主板开关电源电路损坏，将室外机主板带回维修。

1. 测量直流 300V 电压

见图 7-8 左图，使用一个正常的硅桥，并连接 4 根引线，插在带回的室外机主板相应的插座上面，再使用一根电源引线，这样可以将交流 220V 整流成为直流 300V 为室外机主板供电，由于只是开关电源部分损坏，因此传感器插头和模块插头都不用插。

安装硅桥引线时，要将硅桥的 1 根交流输入引线插头插在主控继电器后端触点，输入的交流 220V 电压由 PTC 电阻提供，这样即使后级负载出现短路故障，也不会扩大故障。

将电源插头插入插座，使用万用表直流电压档，见图 7-8 右图，黑表笔接滤波电容负极，红表笔接熔丝管的前端，实测电压为直流 300V，说明硅桥和滤波部分正常。

> **说明**：此处为使图片清晰，黑表笔使用鳄鱼夹。

2. 测量二次侧输出电压

见图 7-9，查看直流 12V 电压指示灯不亮，初步判断开关电源没有工作，使用万用表电阻档测量直流 15V 电压，表笔接 15V 负载电阻 R4 两端，正常电压为 15V，而实测电压为 0V，确定开关电源没有工作，二次侧输出电压均为 0V。

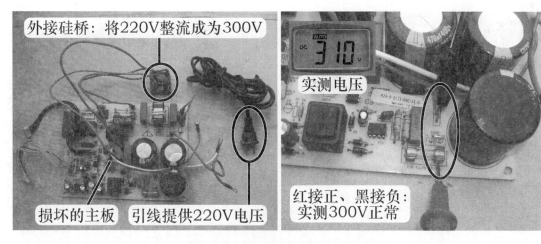

图7-8　室外机主板和测量直流300V电压

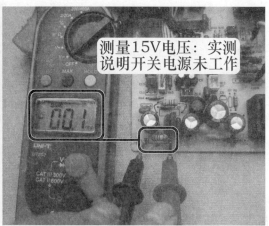

图7-9　测量集成电路工作电压

3. 测量集成电路和熔丝管电压

本机开关电源以集成电路VIPer22A为核心，电路工作的前提是直流300V供电电压正常，其⑤/⑥/⑦/⑧脚（漏极D）为供电引脚，见图7-10左图，黑表笔不动接直流300V电压负极，红表笔接⑧脚测量电压，正常为跳动变化的直流300V电压，而实测电压仅约为直流6V，说明直流300V电压未提供至开关电源电路。

见图7-10右图，由于熔丝管F01为开关电源电路提供电压，如果开路会造成此类故障，因此使用红表笔测量后端电压，实测值为直流300V，说明熔丝管正常。

4. 查看供电流程

断开空调器电源，由于开关电源没有工作，直流300V电压下降很慢，为防止触电，应对滤波电容内的电压进行放电，见图7-11左图，此处将烙铁插头并接在滤波电容两端约30s，再次测量两端电压接近0V，说明已将电压泄放完毕。

见图7-11右图，查看滤波电容正极至集成电路的漏极D的供电流程：滤波电容正极→3.15A供电熔丝管F01→开关变压器T1一次供电绕组1-2引脚→集成电路IC1（VIPer22A）

161

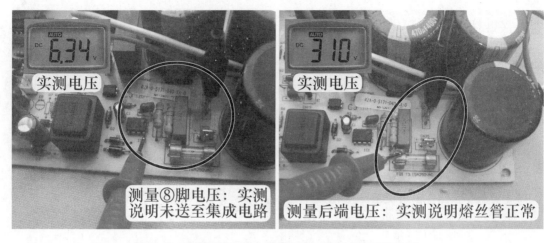

图 7-10   测量 VIPer22A 的⑧脚电压和熔丝管后端电压

的⑤/⑥/⑦/⑧脚；滤波电容负极直接和 IC1 的①/②脚相连。

在图中，白色箭头为正极供电流程，黑色箭头为负极供电流程。

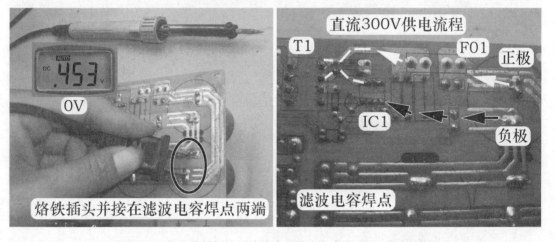

图 7-11   使用烙铁插头对滤波电容放电和直流 300V 供电流程

5. 测量开关变压器一次供电绕组阻值

使用万用表电阻档，见图 7-12 左图，表笔接开关变压器一次供电绕组 1-2 引脚，正常值应导通，实测阻值为无穷大，判断开路损坏。

为准确判断，将开关变压器从主板上拆下，见图 7-12 右图，测量阻值仍为无穷大，说明线圈开路损坏。仔细查看引脚一面，有鼓包的痕迹。实测型号相同（TR2-15ST）的正常开关变压器绕组 1-2 引脚阻值为 5.3Ω。

6. 更换开关变压器

见图 7-13，找一个型号相同的开关变压器（TR2-15ST），安装在室外机主板上面。需要注意的是，本机开关变压器一次和二次绕组的引脚相同，均为 4 个，正方向和反方向均能安装在室外机主板上面，因此开关变压器表面和室外机主板上面图形均设计有豁口，安装时要将豁口对应，再安装开关变压器。

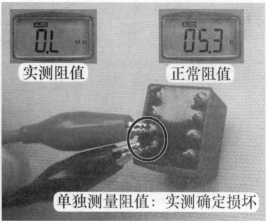

图 7-12　在路和单独测量开关变压器供电绕组阻值

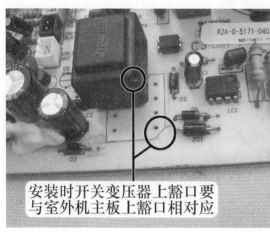

图 7-13　安装开关变压器注意事项和更换开关变压器

7. 测量直流 15V 电压

将室外机主板接通交流 220V 电源，见图 7-14，查看直流 12V 电压指示灯已经点亮，使用万用表直流电压档，测量 15V 电压负载电阻 R4 两端电压为稳定的直流 15V，测量直流 12V 负载电阻 R5 两端为稳定的直流 12V，说明开关电源已经正常工作。

维修措施：更换开关变压器后开关电源正常工作。到用户家安装室外机主板，上电开机后压缩机和室外风机均开始运行，制冷恢复正常，故障排除。

三、开关管击穿，报通信故障

故障说明：海信 KFR-4001GW/BP 变频空调器，开机后室内机向室外机供电，但室外风机和压缩机均不运行，2min 后停止室外机供电，查看存储故障代码为"5"，含义为"通信故障"，再次上电开机，测量 L 与 N 端电压为交流 220V，N 与 S 端电压为直流 24V，说明故障在室外机电控系统。

使用万用表直流电压档，测量滤波电容上的电压，黑表笔接负极，红表笔接正极，正常

163

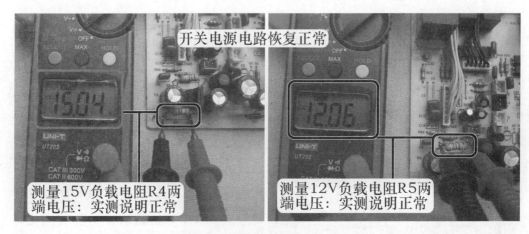

图 7-14　测量直流 15V 和 12V 电压

值为直流 300V，实测电压值为直流 0V。向前级检查，使用万用表交流电压档，测量室外机主板输入端电压为交流 220V，说明室内机主板输出的交流电源已送至室外机主板。

1. 测量主控继电器电压

直流 300V 电压由交流 220V 经硅桥整流后取得，应测量硅桥的交流输入端电压，而主控继电器后端触点连接硅桥的交流输入端，见图 7-15 左图，使用万用表交流电压档测量电压约为 1V，说明 PTC 电阻开路，有两种原因引起：一是 PTC 电阻静态开路，二是 PTC 电阻由于受热阻值逐渐变大而开路。本机 PTC 电阻未安装在室外机主板上面，而是固定在电控盒内，用手不容易摸到，因此不能凭其表面温度判断故障原因。

依旧使用万用表交流电压档，见图 7-15 右图，测量主控继电器两端触点电压，相当于测量 PTC 电阻两端电压，实测结果为交流 218V，说明 PTC 开路是由于电流过大，使温度升高阻值变大，两端电压也逐渐升高，最终导致 PTC 电阻开路，判断室外机有短路故障。

> 💡 说明：如果 PTC 电阻静态开路，将会使主控继电器后端触点电压为 0V，两端触点电压也为 0V。

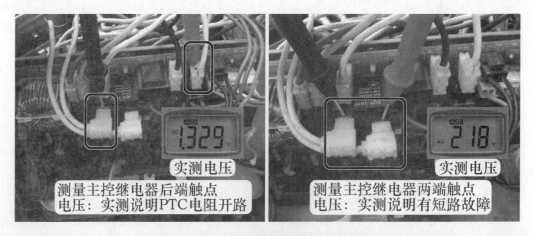

图 7-15　测量主控继电器后端和两端触点电压

2. 测量滤波电容阻值

断开空调器电源，使用万用表直流电压档，见图 7-16 左图，测量滤波电容两端电压为 0V，再改为电阻档测量两端阻值，相当于测量直流 300V 负载，实测结果约为 0Ω，说明负载有短路故障。图 7-16 右图为室外机主板上部分引线功能。

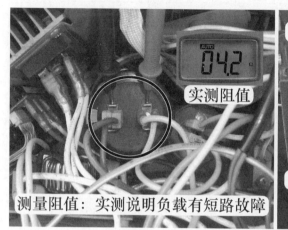
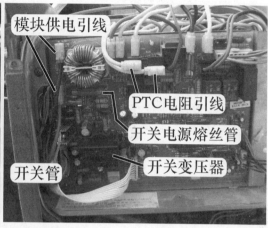

图 7-16　测量滤波电容阻值

3. 断开模块 P/N 端子引线和开关电源熔丝管

直流 300V 电压的负载为模块 P、N 端子和开关电源。

由于模块容易击穿损坏，拔下室外机主板为模块 P、N 端子供电的引线，见图 7-17 左图，再测量滤波电容两端阻值仍约为 0Ω，说明故障点未排除。

见图 7-17 右图，使用万用表表笔尖挑起开关电源的供电熔丝管，再测量滤波电容两端阻值不再为 0Ω，约为 175kΩ，判断短路部位在开关电源电路。

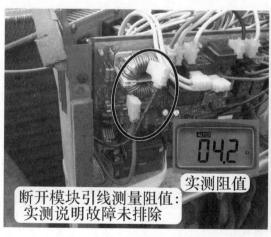
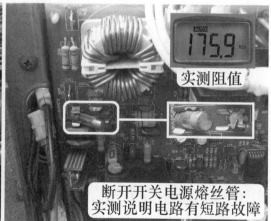

图 7-17　断开模块供电引线和开关电源熔丝管

4. 测量开关管

本机开关电源使用分立元器件形式，以开关管和开关变压器为核心，电路原理图见

图7-18，开关管集电极（C）经开关变压器绕组接直流300V电压正极，发射极（E）接负极，并联在直流300V电压正极和负极。

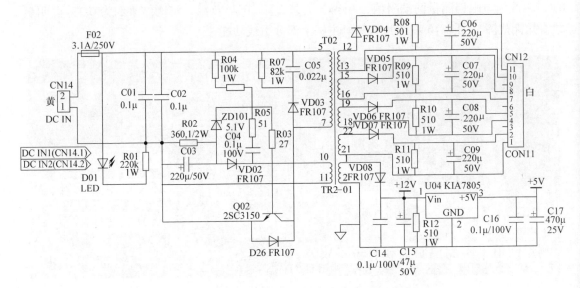

图7-18 海信 KFR-4001GW/BP 开关电源电路原理图

因此使用万用表二极管档，见图7-19，测量开关管的集电极和发射极，正向和反向两次测量结果均为0mV，说明发射极和集电极之间击穿短路损坏。

> 💡 **说明：** 此处为使图片清晰，将开关管取下后才测量，实际维修中应先测量，损坏后再取下，测量时表笔接开关管引脚或主板背面引脚焊点。

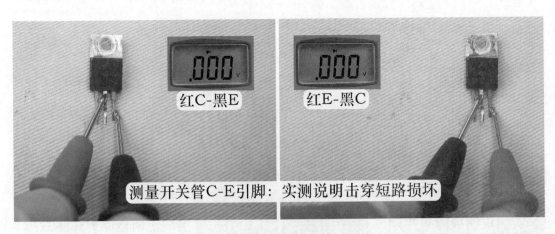

红C-黑E 　　红E-黑C

测量开关管C-E引脚：实测说明击穿短路损坏

图7-19 测量开关管

维修措施： 更换2SC3150开关管，见图7-20。更换后测量滤波电容两端阻值，不再短路，恢复线路上电试机，直流300V电压正常，压缩机和室外风机运行，空调器开始制冷。

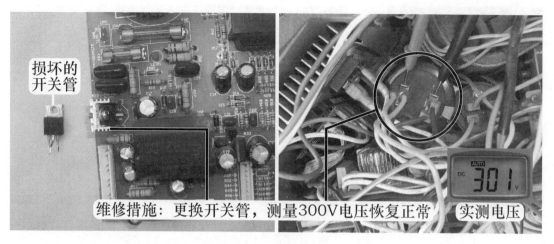

图 7-20　更换开关管

总结

本例开关管的发射极、集电极之间击穿短路，由于开关管并联在直流 300V 电压两端，也相当于模块 P、N 端子短路，上电时 PTC 电阻因电流过大，温度逐渐升高，最后相当于开路，室外机直流 300V 电压为 0V，室外机 CPU 不能工作，室内机因此报故障代码为"通信故障"。

·第二节　单元电路故障·

一、电压检测电路中电阻开路，室外机不定时停机

故障说明：海信 KFR-26GW/11BP 挂式交流变频空调器，遥控开机后室外机有时根本不运行，有时运行一段时间后停机，但运行时间不固定，有时 10min，有时 15min 或更长。

1. 测量直流 300V 电压

在室外机停止运行后，取下室外机外壳，见图 7-21 左图，观察模块板指示灯闪 8 次报出故障代码，含义为"过/欠电压"故障；在室内机按压遥控器上的"传感器切换"键 2 次，室内机显示板组件上"定时"指示灯亮报出故障代码，含义仍为"过/欠电压"故障，室内机和室外机同时报"过/欠电压"故障，判断电压检测电路出现故障。

本机电压检测电路使用检测直流 300V 母线电压的方式。电路原理由几个电阻组成分压电路输出代表直流 300V 的参考电压，室外机 CPU 引脚通过计算得出输入的实际交流电压，从而对空调器进行控制。

出现此故障应测量直流 300V 电压是否正常，使用万用表直流电压档，见图 7-21 右图，黑表笔接模块板上 N 端子，红表笔接 P 端子，正常电压为直流 300V，实测电压为直流 315V 也正常，此电压由交流 220V 经硅桥整流、滤波电容滤波得出，如果输入的交流电压高，则直流 300V 也相应升高。

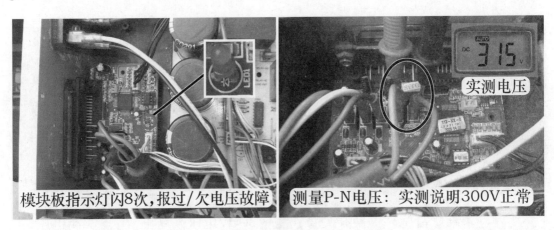

模块板指示灯闪8次，报过/欠电压故障　　测量P-N电压：实测说明300V正常

图7-21　故障代码和测量直流300V电压

2. 测量直流15V和5V电压

由于模块板CPU的工作电压5V由室外机主板提供，因此应测量电压是否正常，使用万用表直流电压档，见图7-22，黑表笔不动接模块N端子，红表笔接3芯插座CN4中左侧白线，实测为直流15V，此电压为模块内部控制电路供电；红表笔接右侧红线，实测为直流5V，判断室外机主板为模块板提供的直流15V和5V电压均正常。

> 💡 **说明：** 如果室外机主板开关电源电路直流12V滤波电容C08引脚虚焊，室外机不运行，模块板指示灯闪8次报"过/欠电压"故障，实测直流5V为3V左右，更换模块板不会排除故障，故障点在室外机主板，因此本例维修时应确定故障位置。

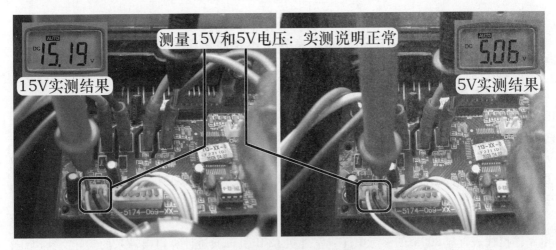

测量15V和5V电压：实测说明正常

15V实测结果　　　　　　　　　　　　　　5V实测结果

图7-22　测量直流15V和5V电压

3. 测量电压检测电路电压

图7-23为室外机电压检测电路原理图，在室外机不运行即静态，使用万用表直流电压档，见图7-24，黑表笔接模块N端子不动，红表笔测量电压检测电路的关键点电压。

红表笔接P接线端子（①处），测量直流300V电压，实测为直流315V，说明正常。

红表笔接 R19 和 R20 相交点（②处），实测电压在直流 150 ~ 180V 之间跳动变化，由于 P 接线端子电压稳定不变，判断电压检测电路出现故障。

红表笔接 R20 和 R21 相交点（③处），实测电压在直流 80 ~ 100V 之间跳动变化。

红表笔接 R21 和 R12 相交点（④处），实测电压在直流 3.9 ~ 4.5V 之间跳动变化。

红表笔接 R12 和 R14 相交点（⑤处），实测电压在直流 1.9 ~ 2.4V 之间跳动变化。

红表笔接 CPU 电压检测引脚即③③脚，实测电压也在直流 1.9 ~ 2.4V 之间跳动变化，和 ⑤处电压相同，判断电阻 R22 阻值正常。

使用遥控器开机，室外风机和压缩机均开始运行，直流 300V 电压开始下降，此时测量 CPU 的③③脚电压也逐渐下降；压缩机持续升频，直流 300V 电压也下降至约 250V，CPU 的 ③③脚电压约为 1.7V，室外机运行约 5min 后停机，模块板上指示灯闪 8 次，报故障代码为 "过/欠电压" 故障。

静态和动态测量均说明电压检测电路出现故障，应使用万用表电阻档测量电路容易出现 故障的降压电阻阻值。

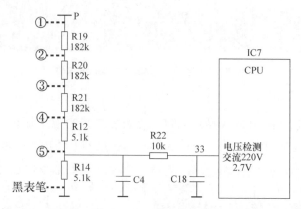

图 7-23 海信 KFR-26GW/11BP 室外机电压检测电路原理图

图 7-24 测量电压检测电路电压

4. 测量电阻阻值

断开空调器电源,待室外机主板开关电源停止供电后,使用万用表电阻档测量电路中分压电阻阻值,见图7-25,测量电阻 R19 阻值无穷大为开路损坏,电阻 R20 阻值约为 182kΩ 判断正常,电阻 R21 阻值无穷大为开路损坏,电阻 R12、R14、R22 阻值均正常。

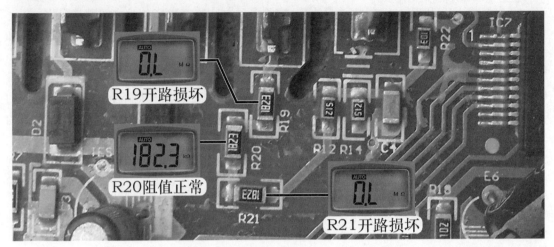

图 7-25　测量电压检测电路电阻阻值

5. 电阻阻值

见图7-26,电阻 R19、R21 为贴片电阻,表面数字 1823 代表阻值,正常阻值为 182kΩ,由于没有相同型号的贴片电阻更换,因此选择阻值接近的五环精密电阻进行代换。

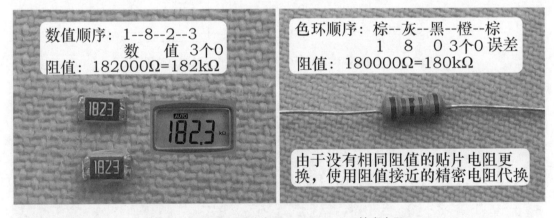

图 7-26　182kΩ 贴片电阻和 180kΩ 五环精密电阻

维修措施: 见图7-27,使用2个 180kΩ 的五环精密电阻,代换阻值为 182kΩ 的贴片电阻 R19、R21。

拔下 3 个一束的传感器插头,再使用遥控器开机,室内机主板向室外机供电后,室外机主板开关电源开始工作向模块板供电,由于室外机 CPU 检测到室外环温、室外管温、压缩机排气温度传感器均开路,因此报出相应的故障代码,并且控制压缩机和室外风机均不运行,此时相当于处于待机状态,见图7-28,使用万用表直流电压档测量电压检测电路中的电压,实测电压均为稳定电压不再跳变,直流300V 电压实测为 315V 时,CPU 电压检测引

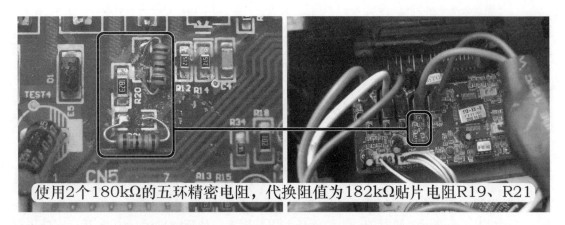

使用2个180kΩ的五环精密电阻，代换阻值为182kΩ贴片电阻R19、R21

图7-27　使用2个180kΩ的五环精密电阻代换182kΩ贴片电阻

脚㉝脚电压实测为2.88V。恢复线路后再次使用遥控器开机，室外风机和压缩机均开始运行，当直流300V电压降至直流250V时，实测CPU的㉝脚电压约为2.3V，长时间运行不再停机，制冷恢复正常，故障排除。

图7-28　测量正常的电压检测电路电压

总结

① 电压检测电路中电阻R19上端接模块P端子，由于长时间受直流300V电压冲击，其阻值容易变大或开路，在实际维修中由于R19～R21开路或阻值变大损坏，占到一定比例，属于模块板上的常见故障。

② 本例电阻R19、R21开路，其下端电压均不为直流0V，而是具有一定的感觉电压，CPU电压检测引脚检测后，判断交流输入电压在适合工作的范围以内，因而室外风机和压缩机可以运行；而压缩机持续升频，直流300V电压逐渐下降，CPU电压检测引脚的电

压也逐渐下降，当超过检测范围时，则控制室外风机和压缩机停机进行保护，并报出"过/欠电压"的故障代码。

③ 在实际维修中，也遇到过电阻 R19 开路，室外机上电后并不运行，模块板直接报出"过/欠电压"的故障代码的情况。

④ 如果电阻 R12（5.1kΩ）开路，CPU 电压检测引脚电压约为直流 5.7V，室外机上电后室外风机和压缩机均不运行，模块板指示灯闪 8 次报出"过/欠电压"的故障代码。

二、电压检测电路中电阻开路，室外机不运行

故障说明： 海信 KFR-26GW/18BP 挂式交流变频空调器，遥控器开机后，室外风机运行，模块板上 3 个指示灯同时闪，表示无任何限频因素，待压缩机运行约 5s 后，室外风机和压缩机均停机；见图 7-29，模块板上指示灯报故障代码为 LED1 和 LED2 灯亮、LED3 灯闪，查故障代码含义为"过/欠电压"故障。

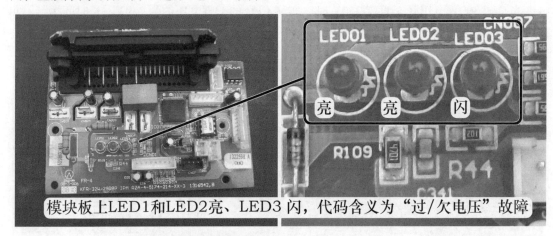

图 7-29 故障代码含义为"过/欠电压"故障

1. 电压检测电路工作原理

图 7-30 为室外机电压检测电路原理图，图 7-31 为其工作流程。本机电压检测电路检测直流 300V 电压，由 CPU 引脚计算，通过检测直流电压达到检测输入交流电压的目的。电路由检测电阻 R104、R105，分压电阻 R109，钳位二极管 D172，电容 C341，电阻 R44 组成。R104 和 R105 为上分压电阻，R109 为下分压电阻，在中点形成与直流 300V 成比例的电压，经 R44 送至 CPU，由 CPU 通过引脚电压计算出直流 300V 实际电压值，从而计算出交流输入电压值，钳位二极管 D172 防止 CPU 输入电压过高。

CPU 引脚正常电压在直流 2～3V。

2. 测量电压检测电路电压

使用万用表直流电压档，见图 7-32，黑表笔接 N 接线端子，红表笔接 R104 上端（①处）即测 P 端子，正常电压应为直流 300V，实测电压为直流 309V，说明交流 220V 经硅桥整流后的直流电压正常。

红表笔接 R104 下端（②处）即测 R105 上端电压，实测电压约为直流 164V。

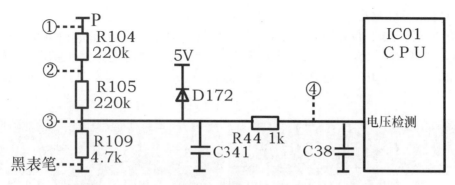

图 7-30　海信 KFR-26GW/18BP 室外机电压检测电路原理图

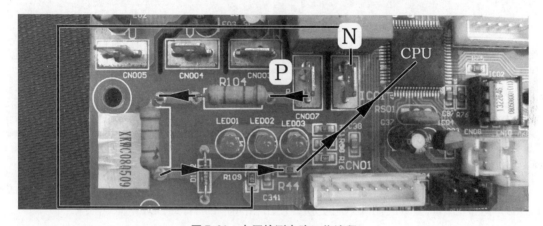

图 7-31　电压检测电路工作流程

　　红表笔接 R105 下端（③处）即测 R105 和 R109 分压点电压，实测电压约为直流 5.6V，正常电压约为 3V，判断分压电路出现故障。

　　红表笔接 R44 下端（④处）即测 CPU 引脚电压，实测电压约为直流 5.6V，和分压点电压相等，说明电阻 R44 阻值正常。

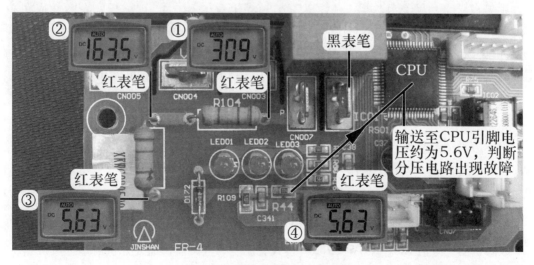

图 7-32　测量电压检测电路电压

3. 测量分压电路电阻阻值

断开空调器电源，待室外机主板开关电源停止工作后，见图 7-33，使用万用表电阻档，测量分压电阻阻值，实测 R104 和 R105 阻值均为 220kΩ，说明上分压电阻阻值正常，测量下分压电阻 R109 时阻值为无穷大，其参数为 4701，正常阻值为 4.7kΩ，判断 R109 开路损坏。

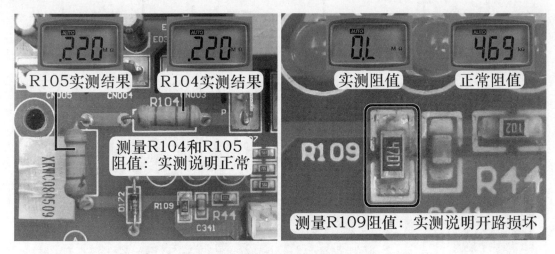

图 7-33   测量电压检测电路电阻阻值

维修措施：见图 7-34，代换贴片电阻 R109。原电阻使用贴片电阻，型号 4701，阻值为 4.7kΩ，由于无相同型号的贴片电阻更换，使用相同阻值的普通四环电阻代换。

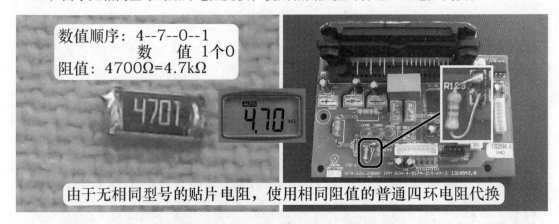

图 7-34   使用 4.7kΩ 普通四环电阻代换贴片电阻

代换后再次将空调器接通电源，遥控开机后压缩机和室外风机均开始运行，制冷正常，故障排除。见图 7-35，再次使用万用表直流电压档测量电压检测电路电压，实测结果也说明电路恢复正常。

三、存储器数据错误，上电报存储器故障

故障说明：海信 KFR-28GW/39MBP 挂式交流变频空调器，遥控开机后室外风机和压缩机均不运行，空调器不制冷。

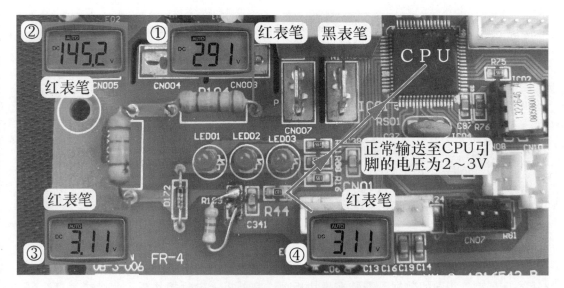

图 7-35 测量正常的电压检测电路电压

1. 查看室外机

将空调器接通电源, 遥控器开机, 室外风机和压缩机均不运行, 室内风机吹自然风, 取下室外机顶盖, 见图 7-36, 查看室外机主板直流 12V 电压指示灯亮, 判断开关电源已正常工作, 查看模块板时, 发现上面 3 个指示灯 LED1、LED2、LED3 全部点亮, 查看故障代码为"室外机存储器故障"。室外机存储器型号为 24C02。

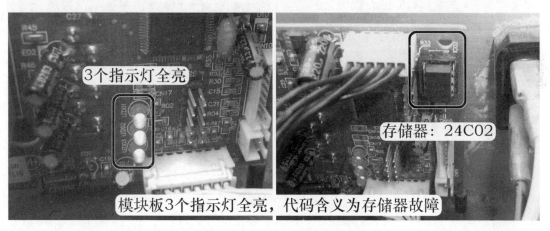

图 7-36 故障代码和存储器安装位置

2. 测量存储器工作电压

使用万用表直流电压档, 见图 7-37 左图, 黑表笔接存储器④脚地 (此机①/②/③/④脚相连, 实接①脚), 红表笔接⑧脚测量电压, 实测约为直流 5V, 说明电压正常。

断开空调器电源, 待室外机主板停止工作后, 取下存储器, 见图 7-37 右图, 查看外观完好, 由于硬件一般不会损坏, 初步判断内部数据丢失或错误, 导致 CPU 上电复位检测时判断为故障。

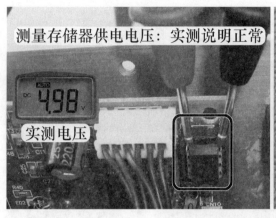

图 7-37　测量供电电压和实物外观

　　维修措施：见图 7-38，由于新购的 24C02 存储器内部数据为空白状态，使用编程器写入和空调器型号相同的数据，安装在模块板上，室外机上电后模块板上 3 个指示灯全部熄灭，不再报"室外机存储器故障"的故障代码，遥控器开机后，压缩机和室外风机开始运行，制冷正常，故障排除。

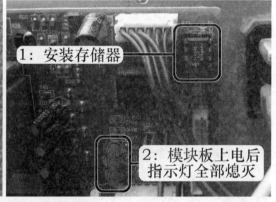

图 7-38　写入数据的存储器并更换

总结

　　① 存储器数据容易丢失，在室外机上电时报"室外机存储器故障"的故障代码，此时不需要更换室外机主板或模块板，只需要购买一片同型号存储器或使用原存储器，使用编程器写入相对应空调器型号的数据即可。

　　② 本机更换存储器时如果内部数据空白，即新购买的存储器未写数据直接安装，则模块板同样报"室外机存储器故障"的故障代码。

　　③ 存储器内部数据容易受继电器触点吸合或断开时的电火花、雷电等干扰或冲击，使得内部数据被强行修改，导致 CPU 在上电检测时判断为故障，增加故障率；后期空调器使用的 24C×× 系列存储器，见图 7-39，利用"写保护"功能，在出厂已进行改进，

即剪断存储器的⑦脚，使其不再与电路板连接，另外使用一根引线连接至⑧脚5V。⑦脚接高电平5V，这时存储器内部的数据只能读出，禁止写入。

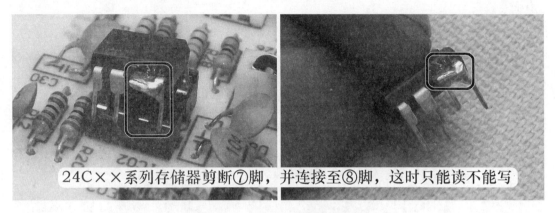

图 7-39　24C××系列存储器数据保护方法

四、主控继电器触点开路，室外机运行约 20s 停机

故障说明： 海信 KFR-28GW/39MBP 挂式交流变频空调器，室外机起动一下就停机，同时不制冷。图 7-40 为室外机主板主控继电器驱动电路原理图。

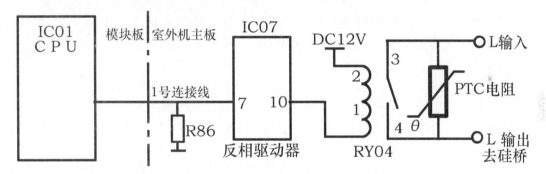

图 7-40　海信 KFR-28GW/39MBP 室外机主板主控继电器驱动电路原理图

1. 测量室外机主板滤波电容直流 300V 电压

使用万用表直流电压档，见图 7-41，黑表笔接室外机主板直流 300V 去模块板蓝线即负极端子，红表笔接红线即正极端子。

然后使用遥控器开机，室内机主板向室外机供电，实测为直流 315V，室外机主板开关电源开始工作，直流 12V 电压指示灯亮。

约 5s 后模块板 CPU 控制主控继电器触点闭合，能听到触点闭合的声音，此时直流 300V 电压开始下降。

约 8s 后室外风机开始运行，实测电压为直流 289V。

约 12s 后压缩机开始起动运行，此时电压为直流 219V。

约 17s 后实测直流 300V 电压在直流 23V 左右闪动，此时开关电源停止工作，模块板 CPU 因无电源也停止工作，因此室外风机和压缩机同时停止运行。

> 💡 **说明：** 上述时间只是大概时间，并不准确，室外机主板第1次上电开机，运行时间稍微长一些，切断空调器电源后停一会再开机时，室外机运行时间就没有第1次时间长。

室外机上电　　8s后室外风机运行　　12s后压缩机运行　　17s后室外机停机

测量滤波电容直流300V电压

图7-41　测量直流300V电压

2. 手摸 PTC 电阻温度

室外机工作后实测直流300V电压直线下降，约20s室外机主板开关电源停止工作，判断室外机电控系统有过电流故障或室外机主控继电器触点未吸合，见图7-42，手摸PTC电阻烫手，也可说明前级或后级有短路故障。

切断空调器电源，拔下压缩机 U、V、W 的3根引线，使用万用表电阻档测量 UV、UW、VW 引线3次阻值，均为1.1Ω，3次相等，排除压缩机线圈短路故障。

拔下模块板上直流300V的 P 和 N 端子引线，使用万用表二极管档测量 P、N、U、V、W 的5个端子符合正向导通、反向截止的二极管特性，判断模块正常。

安装模块板上直流300V的 P 和 N 端子引线，暂时不安装压缩机的3根引线，再次上电试机，实测直流300V电压仍直线下降，故障依旧，只是室外机工作的时间稍微长一些，判断压缩机正常。

再次拔下室外风机插头，使室外风机脱离室外机电控系统，再次上电开机，测量直流300V电压仍旧逐渐下降，只是下降的速度更慢一些，室外机主板开关电源工作时间更长一些，也说明室外风机也正常。

使用万用表二极管档测量硅桥正常，试更换模块板，故障仍未排除，手摸PTC电阻仍旧发烫，此时室外机电控系统能引起过电流故障的元器件均已排除，应检查室外机主控继电器触点是否闭合。

3. 测量主控继电器触点电压

使用万用表交流电压档，见图7-43，表笔不分反正接室外机主板主控继电器的两个端子，测量交流电压。

然后使用遥控器开机，室内机主板向室外机供电，室外机主板开关电源开始工作，模块

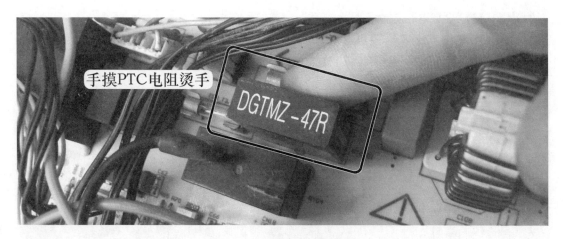

图 7-42　手摸 PTC 电阻烫手

板 CPU 控制主控继电器触点闭合时，实测电压为交流 0.5V，此时交流电压开始上升。

约 8s 后室外风机开始运行，实测电压约为交流 14V。

约 12s 后压缩机开始起动运行，实测电压约为交流 78V。

约 17s 后电压上升至交流 204V，此时开关电源停止工作，模块板 CPU 因无电源也停止工作，因此室外风机和压缩机同时停止运行。

主控继电器触点两端电压直线上升，判断触点未闭合，应测量继电器线圈工作电压。

图 7-43　测量室外机主板主控继电器两个端子电压

4. 测量主控继电器线圈电压

切断空调器电源，并等待一段时间，PTC 电阻温度下降，其阻值也逐渐降低，下次开机室外机主板才有工作电源，并拔下室外风机插头及压缩机线圈的 3 根引线，即切断主要负载的供电，以减慢直流 300V 电压下降速度，这样可以增加检修时间。

再次上电开机，使用万用表直流电压档，见图 7-44 左图，黑表笔接反相驱动器 IC07 的⑧脚即地脚，红表笔接 IC07 的⑦脚即主控继电器输入引脚，实测电压约为直流 4.8V，说明模块板 CPU 已输出高电平控制信号。

见图 7-44 右图，红表笔接反相驱动器 IC07 的⑩脚即输出引脚，实测电压约为直流 0.8V，说明反相驱动器已将模块板 CPU 输出的高电平信号反相放大，应测量继电器线圈工作电压。

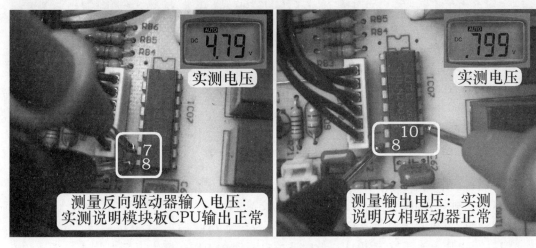

图 7-44 测量主控继电器线圈对应的反相驱动器输入端和输出端电压

5. 测量主控继电器线圈电压和阻值

切断空调器电源，将室外机主板翻到背面，再将空调器开机，使用万用表直流电压档，见图 7-45 左图，测量主控继电器线圈电压，实测电压约为直流 11.2V，说明反相驱动器输出的电压已经送至继电器线圈，判断控制电路正常，故障为主控继电器损坏。

切断空调器电源，待室外机主板开关电源停止工作后，使用万用表电阻档测量继电器线圈阻值约为 160Ω，为准确判断，见图 7-45 右图，从室外机主板上取下主控继电器，单独测量线圈阻值，实测约为 160Ω，说明线圈正常，应使用直流电源为线圈供电后测量接线端子阻值来判断。

> 💡 **说明**：测量继电器线圈电压时如果室外机主板不容易翻过来，可将红表笔接反相驱动器的⑨脚直流 12V，黑表笔接反相驱动器输出引脚（本机为⑩脚），测量得出的电压和测量线圈电压相同。

6. 为主控继电器线圈供电时测量端子阻值

见图 7-46，找一块室内机主板，将两根引线一端焊在 7805 的①脚输入端和②脚地，提供直流 12V 电压，引线另一端焊在继电器线圈的两个引脚，直接为继电器提供直流 12V 电压，使用万用表电阻档测量端子阻值，正常时触点闭合阻值为 0Ω，而实测阻值为无穷大，说明继电器内部触点锈蚀，线圈供电后触点仍未导通。

维修措施：见图 7-47，更换室外机主板主控继电器，更换后遥控开机室外机不再停机，室外风机和压缩机一直运行，制冷恢复正常，使用万用表交流电压档测量主控继电器两个端子电压，实测约为交流 0V，说明故障排除。

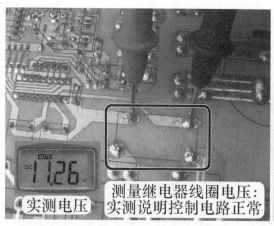
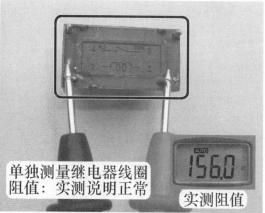

图 7-45 测量主控继电器线圈电压和单独测量线圈阻值

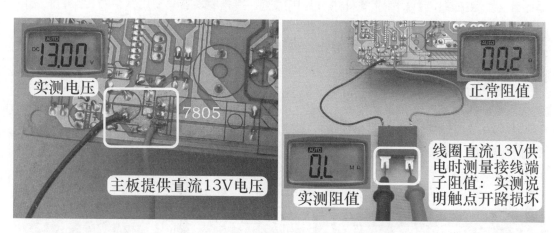

图 7-46 为主控继电器线圈提供直流 13V 供电时测量端子阻值

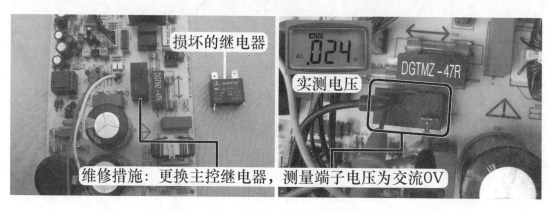

图 7-47 更换室外机主板主控继电器和开机后测量继电器两个端子电压

> ✎ **总结**

① 本例室外机主板主控继电器触点锈蚀，触点相当于断开，室外风机和压缩机供电由

PTC 电阻提供，室外风机功率相对较小，而压缩机功率较大，运行电流比较大，PTC 电阻迅速发热，阻值也由静态阻值 47Ω 迅速上升，其两端的交流电压也逐渐增加，输入至硅桥的交流 220V 电压逐渐下降，因而直流 300V 电压也逐渐下降，直至约为直流 0V。

② 由于 PTC 电阻引脚与主控继电器端子并联，使用万用表交流电压档测量继电器端子电压相当于测量 PTC 电阻引脚电压，继电器正常时两端电压为交流 0V，如果由于某种原因（如控制电路损坏使得继电器线圈未得到直流 12V 供电、继电器线圈开路或触点锈蚀）引起继电器触点未导通，测量端子电压为由 0V 迅速上升至交流 220V，便能迅速判断出故障。

📚 经验

变频空调器室外机主板或模块板上的反相驱动器主要驱动室外风机继电器、四通阀线圈继电器、主控继电器，如果室外风机为单风速，反相驱动器只使用其中的 3 路。而又由于室外风机继电器和四通阀线圈继电器相同，因而继电器的线圈阻值也相同，而主控继电器为室外机供电，负载功率大，实际选用大功率的继电器，其线圈阻值比室外风机继电器小。根据这一特点，使用万用表电阻档测量反相驱动器输出引脚阻值时，可以确认出引脚功能，进而可通过测量输入端和输出端的电压，来判断模块板（或室外机主板）CPU 是否输出高电平驱动信号，迅速检查出故障根源，方法如下。

见图 7-48，在室外机主板未通电时，使用万用表电阻档，黑表笔接反相驱动器的⑨脚即直流 12V，红表笔逐个测量输出端引脚阻值，测量结果约为 160Ω 的引脚为接主控继电器线圈，其对应输入端接模块板（或室外机主板）CPU 的控制引脚，测量结果约为 300Ω 且相等的引脚为室外风机和四通阀线圈继电器。

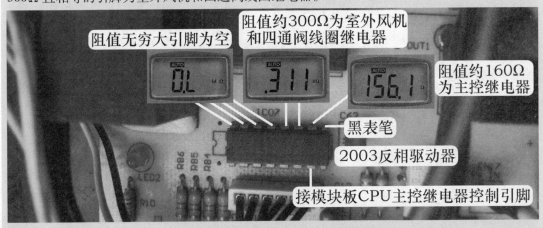

图 7-48 判断室外机主板反相驱动器引脚功能方法

第八章

变频空调器通信电路故障

变频空调器开机后出现室内风机运行，室外机无反应，或者整机运行一段时间之后，室外机停机的故障现象，室内机显示故障代码为"通信故障"。

通信故障是变频空调器中较常见的故障之一，由于其电路涉及室内机主板、室内外机连接线、室外机主板和模块板，因而发生故障时所引起的故障现象各不相同，维修方法也各不相同。在实际维修中，通信故障发生的概率较高，且根据显示的故障代码内容检修时，也比较难以查到故障部位，因此本章对通信故障维修流程作简单介绍，并给出几个常见的故障维修实例。

·第一节　通信电路故障维修流程·

一、故障原因

出现通信故障时有以下几种常见原因。

1. 室内机主板

室内机主板引起的通信电路常见故障见图 8-1。

① 主板 CPU 损坏：不能发送或处理接收的通信信号。

② 主板直流 24V 电压产生电路损坏：通信电路无电源而不能工作。

③ 主板发送光耦合器或接收光耦合器损坏：通信回路中断。

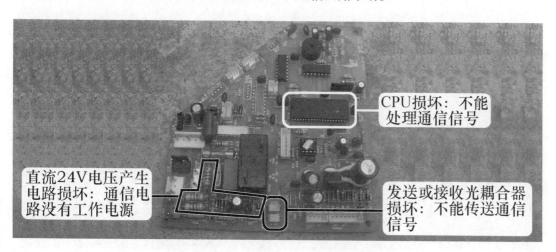

图 8-1　室内机主板引起的通信电路常见故障

2. 室内外机 4 根连接线

室内外机连接线引起的通信电路常见故障见图 8-2。

① 室内外机连接线接线错误。

② 室内机接线端子 L/N 和室外机接线端子 L/N 顺序相反，通信电路不能构成回路。

③ 室内外机 4 根连接线中的通信线和地线短路：通信信号接地，室内机和室外机 CPU 接收不到对方传过来的信号。

④ 室内外机连接线中间出现断路故障。

⑤ 室内外机连接线 4 根引线之间有漏电电阻值：传送的信号有不同程度的衰减，室内机或室外机 CPU 处理后判断为无效信号。

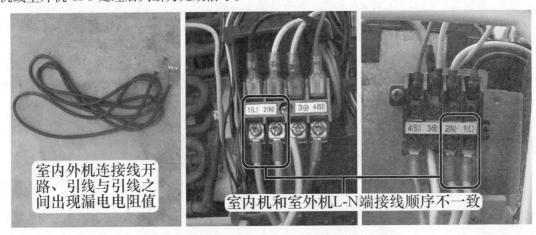

图 8-2　室内外机连接线引起的通信电路常见故障

3. 室外机主板

室外机主板引起的通信电路常见故障见图 8-3。

① 主板 CPU 损坏：不能发送或处理接收的通信信号。

② 主板发送光耦合器或接收光耦合器损坏：通信回路中断。

③ 室外机供电熔丝管（15A）开路故障：室外机没有工作电源。

④ 开关电源电路供电熔丝管（3.15A）或开关电源电路损坏：室外机 CPU 无直流 5V 工作电压。

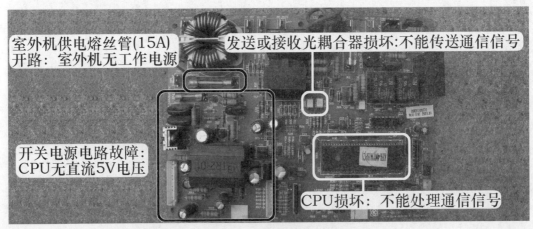

图 8-3　室外机主板引起的通信电路常见故障

4. 滤波板、硅桥、滤波电感、模块

滤波板和硅桥引起的通信电路常见故障见图 8-4，滤波电感和模块引起的通信电路常见故障见图 8-5。

① 室外机交流供电回路开路：室外机无工作电源。

② 硅桥开路：室外机主板无直流 300V 电压，开关电源电路不能工作，室外机 CPU 因无直流 5V 而不能工作。

③ 滤波电感开路：室外机主板无直流 300V 电压，室外机 CPU 不能工作。

④ 模块 P 与 N 端子、P 与 U 端子等击穿：开机后引起电流过大，PTC 电阻过热，因而阻值变为无穷大，室外机主板无直流 300V 电压，室外机 CPU 不能工作。

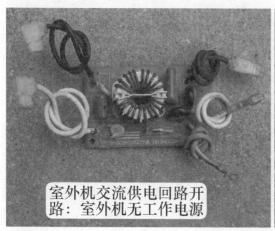

图 8-4 滤波板和硅桥引起的通信电路常见故障

图 8-5 滤波电感和模块引起的通信电路常见故障

二、检修过程

1. 新装机或移机之后的变频空调器出现通信故障

故障原因通常为室内机和室外机连接线顺序接错，见图 8-2 中图和右图。

2. 正在使用的空调器出现通信故障

(1) 测量室内机 N 与 S 端子电压

使用万用表直流电压档，见图 8-6，黑表笔接 2 号零线 N 端子，红表笔接 4 号通信 S 端子，在上电但不开机状态下测量通信电压，正常为直流 24V 左右的跳变电压，故障电压为直流 0V。

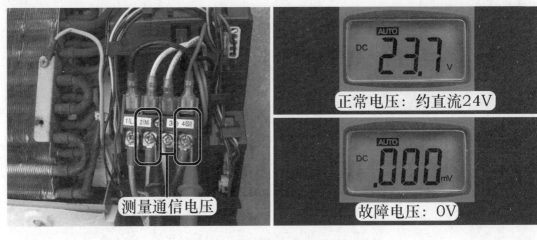

图 8-6　测量接线端子 N 与 S 电压

1) 正常电压为直流 24V 左右的跳变电压：原因是室内机 CPU 只要上电工作，见图 8-7，发送信号引脚就输出脉冲通信信号，发送光耦合器 PC1 初级得电，发光二极管发光，因而次级导通，直流 24V 电压经 PC1 次级引脚、接收光耦合器 PC2 初级发光二极管、二极管 D9、电阻 R15 到接线端子。由于与室外机不能构成回路，因此为直流 24V 左右的跳变电压。

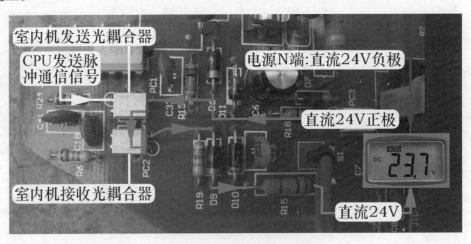

图 8-7　直流 24V 电压产生电路

2) 实测电压为 0V：说明室内机直流 24V 电压产生电路或室内机通信电路出现故障，见图 8-8，常见原因有降压电阻 R10 开路、24V 稳压管击穿、保护二极管 D10 击穿、分压电阻 R15 开路，其中以降压电阻 R10 和分压电阻 R15 损坏最为常见；通信电路常见故障原因有发送光耦合器 PC1 或接收光耦合器 PC2 损坏。

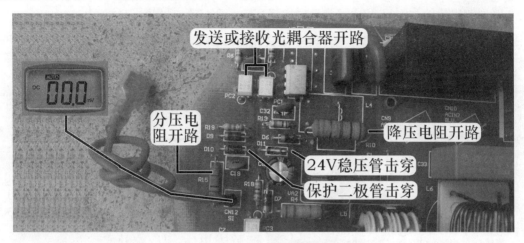

图 8-8　电压为 0V 的常见故障原因

（2）遥控开机后室内机主板向室外机供电，观察通信电压

常见有 3 种结果。

1）第 1 种结果：室外机不运行，依旧为直流 24V 电压不变化，室内机显示故障代码为"通信故障"，检修步骤如下。

步骤一：测量室外机 L、N 端子交流电压，见图 8-9，使用万用表交流电压档，正常值为交流 220V。

① 实测电压约为交流 220V，进入下一检修步骤。

② 实测电压为交流 0V，应检查室内机主控继电器触点是否吸合、室内外机连接线中间是否断路等。

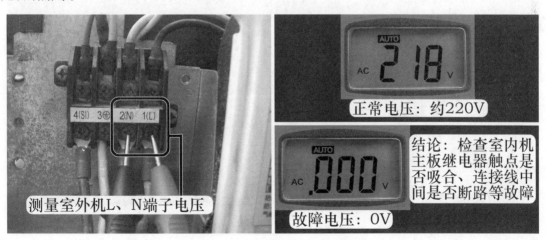

图 8-9　测量室外机 L、N 端子电压

步骤二：测量模块 P、N 端子电压（即直流 300V 电压），使用万用表直流电压档，见图 8-10，黑表笔接 N 端子，红表笔接 P 端子，有以下 3 种结果。

① 实测电压约为直流 300V，下一步的检查方法参见步骤三。

② 实测电压为直流 0V，下一步的检查方法参见步骤四和步骤五。

③ 实测电压约为直流 120V，为硅桥内部其中一个整流二极管击穿。

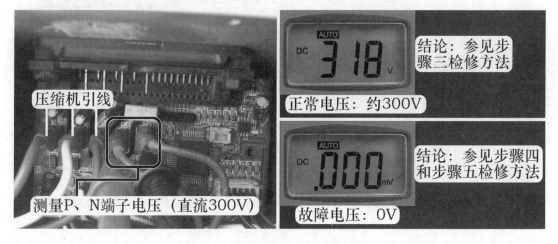

图 8-10　测量模块 P、N 端子直流电压

步骤三：测量模块 P、N 端子电压为直流 300V 时，应使用万用表直流电压档，见图 8-11，测量直流 5V 电压，测量时黑表笔接地、红表笔接 7805 的③脚输出端，正常值为直流 5V。

① 实测电压为直流 5V，见图 8-12，说明开关电源电路正常，为室外机 CPU 没有工作，应检查其三要素电路，或室外机的通信电路有无开路故障。

② 实测电压为直流 0V，见图 8-12，通常为开关电源电路出现故障。

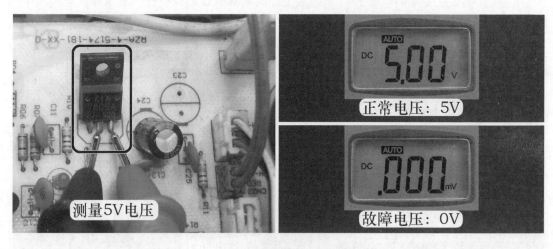

图 8-11　测量直流 5V 电压

步骤四：测量模块 P、N 端子电压为直流 0V 时，应使用万用表交流电压档，见图 8-13，测量硅桥的两个交流输入端电压，正常电压为交流 220V。

① 实测电压约为交流 220V，应测量硅桥直流输出端电压。

② 实测电压为交流 0V，参见步骤五的检修方法。

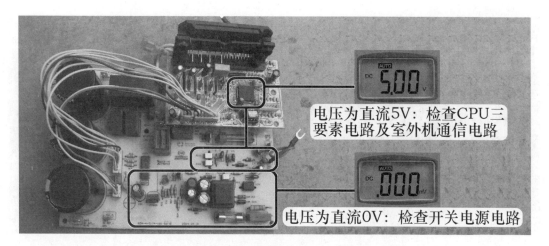

图8-12 根据5V电压测量结果检查相应单元电路

💡 **说明:** 硅桥豁口对应端子为直流输出正极,对角端子为直流输出负极,其余两个端子为交流输入端。

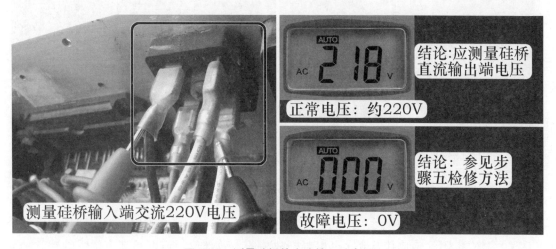

图8-13 测量硅桥的交流输入端电压

如果测量硅桥交流输入端电压为交流220V而模块P、N端子电压为0V时,应测量硅桥直流输出端电压,使用万用表直流电压档,见图8-14,红表笔接豁口对应端子即正极,黑表笔接正极对角线端子即负极,正常电压约为直流300V。

① 实测电压约为直流300V,应测量滤波电感线圈阻值。

② 实测电压为直流0V,为硅桥内部整流二极管开路损坏。

如果硅桥直流输出端电压为直流300V,而模块P、N端子电压为直流0V时,由于模块P、N端子至硅桥直流输出端供电回路中只有滤波电感,应测量其阻值是否正常,见图8-15,使用万用表电阻档测量连接线阻值,正常阻值约为1Ω。

① 实测阻值约为1Ω,应检查接线端子是否有接触不良等故障。

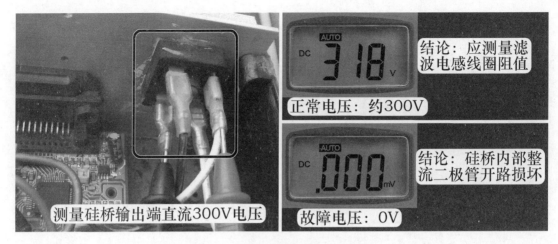

图 8-14　测量硅桥的直流输出端电压

② 实测阻值为无穷大，应检查滤波电感底部连接线接头是否烧坏。

图 8-15　测量滤波电感线圈阻值

步骤五：测量硅桥交流输入端电压为交流 0V 时，见图 8-16，应用手摸与主控继电器触点并联的 PTC 电阻，感觉其温度，可以判断故障的大致部位：温度很高有烫手的感觉，为后级负载有击穿短路故障；温度接近常温，为前级供电电路有开路故障。

① 后级负载短路故障常见原因见图 8-17，通常由硅桥内部某个二极管击穿（也可称为单臂击穿），或模块 P、N、U、V、W 5 个端子之间有击穿损坏、主控继电器触点未吸合等原因引起。

② 前级供电电路开路常见故障见图 8-18，通常为 15A 供电熔丝管（室外机主板上体积最大的熔丝管）开路、PTC 电阻开路、交流 220V 滤波线圈开路等。

2）第 2 种结果：室外机不运行，电压依旧为直流 24V 不变，室内机主板和室外机主板显示故障代码均为"通信故障"。

常见故障见图 8-19，通常为室外机接收光耦合器损坏、通信电路的 PTC 电阻开路损坏、室内外机连接线出现漏电或短路故障等，致使直流 24V 电压不能构成回路。

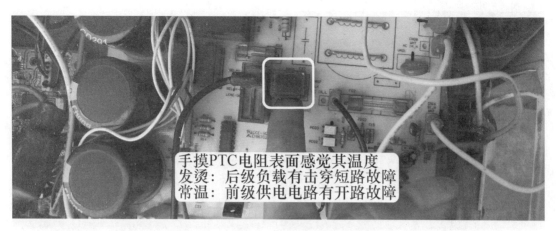

手摸PTC电阻表面感觉其温度
发烫：后级负载有击穿短路故障
常温：前级供电电路有开路故障

图 8-16　手摸 PTC 电阻表面感觉其温度

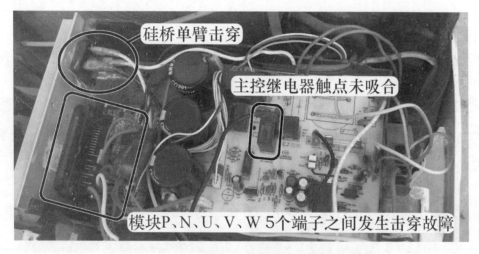

硅桥单臂击穿

主控继电器触点未吸合

模块P、N、U、V、W 5个端子之间发生击穿故障

图 8-17　PTC 电阻温度过高时应检查的故障元器件

PTC电阻开路　15A供电熔丝管开路

交流220V滤波线圈开路

图 8-18　PTC 电阻为常温时应检查的故障元器件

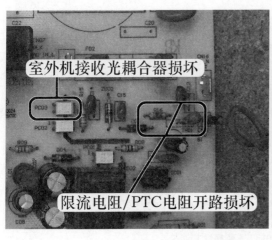
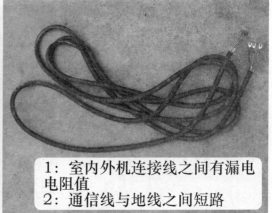

图 8-19　室外机不运行，室内机和室外机均报通信故障

3）第 3 种结果：开机后通信电压跳动范围正常，室内机和室外机均开始运行，但运行一段时间后室内机主板停止向室外机供电。

常见故障见图 8-20，通常为室内机主板接收光耦合器损坏、室内外机连接线出现漏电或短路故障等。

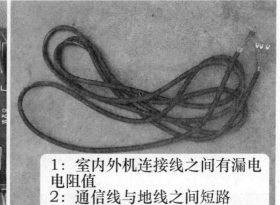

图 8-20　室外机运行，室内机报通信故障

· 第二节　通信电路故障维修实例 ·

一、室外机通信电路分压电阻开路，室外机不运行

故障说明：海信 KFR-26GW/11BP 挂式交流变频空调器，遥控开机后，压缩机和室外风机均不运行，同时不制冷。图 8-21 为室外机主板通信电路原理图。

1. 测量室内机接线端子通信电压

首先使用万用表交流电压档，测量室内机接线端子上 1 号 L 相线和 2 号 N 零线电压为交

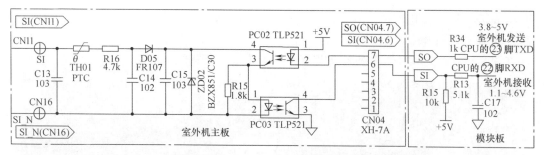

图 8-21 海信 KFR-26GW/11BP 室外机主板通信电路原理图

流 220V，说明室内机主板已向室外机供电。

将档位改用直流电压档，见图 8-22，黑表笔接室内机接线端子 2 号 N 零线，红表笔接 4 号通信 S 线，测量通信电压，正常值在待机时为轻微跳动变化的直流 24V 电压，在室内机向室外机供电时，变为 0～24V 跳变电压，而实测待机状态为直流 24V，遥控开机后室内机主板向室外机供电，动态的通信电压仍为直流 24V 不变，说明通信电路出现故障。

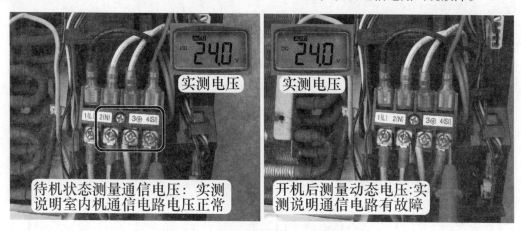

图 8-22 测量室内机接线端子通信电压

2. 故障代码

取下室外机外壳，观察到室外机主板上直流 12V 电压指示灯常亮，初步判断直流 300V 和 12V 电压均正常，使用万用表直流电压档测量直流 300V、12V、5V 电压均正常。

查看模块板上指示灯闪 5 次，报故障代码含义为"通信故障"；按压遥控器上的"传感器切换"键 2 次，室内机显示板指示灯显示故障代码为"运行（蓝）、电源"灯亮，代码含义为"通信故障"。室内机 CPU 和室外机 CPU 均报"通信故障"的代码，说明室内机 CPU 已发送通信信号，但同时室外机 CPU 未接收到通信信号，根据开机后通信电压为直流 24V 不变，判断通信电路中有开路故障，重点检查室外机通信电路。

3. 测量室外机通信电路电压

使用万用表直流电压档，见图 8-23，在空调器接通电源但不开机即处于待机状态时，黑表笔接电源 N 零线，红表笔接室外机主板上通信 S 线（①处），实测电压为直流 24V，和室外机接线端子上电压相同。

红表笔接分压电阻 R16 上端（②处），实测电压为直流 24V，说明 PTC 电阻 TH01 阻值正常。

红表笔接分压电阻 R16 下端（③处），正常应和②处电压相同，而实测电压为直流 0V，初步判断 R16 电阻开路。

红表笔接发送光耦合器次级集电极引脚（④处），实测电压为 0V，和③处电压相同。

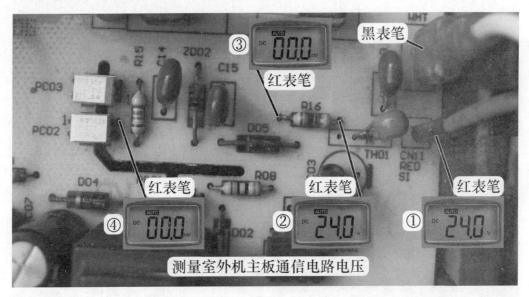

图 8-23　测量室外机主板通信电路电压

4. 测量 R16 阻值

R16 上端（②处）电压为直流 24V，而下端（③处）电压为直流 0V，可大致说明开路损坏，切断空调器电源，待直流 300V 电压下降至直流 0V 时，见图 8-24 左图，使用万用表电阻档测量 R16 阻值，正常值为 4.7kΩ，实测阻值为无穷大，判断开路损坏。

5. 更换分压电阻 R16

此机室外机主板通信电路分压电阻使用 4.7kΩ/0.25W，由于功率设计偏小，容易出现阻值变大甚至开路故障，因此在更换时应选用加大功率、阻值相同的电阻，见图 8-24 中图，本例更换时选用 4.7kΩ/1W 的电阻。

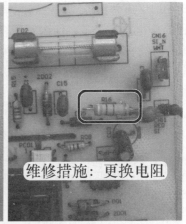

图 8-24　更换分压电阻 R16

　　维修措施：更换通信电路室外机分压电阻 R16，见图 8-24 右图，原参数为 4.7kΩ/0.25W，更换为 4.7kΩ/1W。更换后在空调器接通电源但不开机即处于待机状态时，使用万用表直流电压档，见图 8-25，测量室外机通信电路电压，使用遥控器开机后室外风机和压缩机均开始运行，说明空调器已恢复正常。

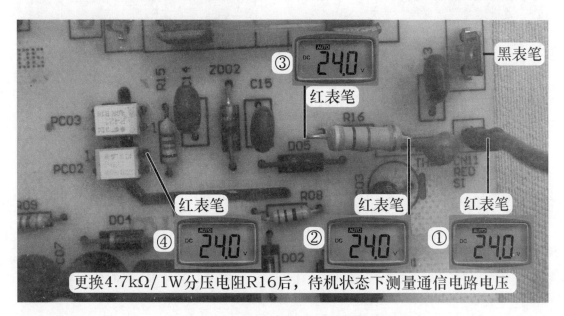

图 8-25　测量室外机主板通信电路电压

🌀 **总结**

　　本例由于室外机分压电阻开路，通信信号不能送至室外机接收光耦合器，使得室外机 CPU 接收不到室内机 CPU 发送的通信信号，因此模块板上指示灯报故障代码为"通信故障"，并不向室内机 CPU 反馈通信信号；而室内机 CPU 因接收不到室外机 CPU 反馈的通信信号，2min 后停止室外机的交流 220V 供电，并记忆故障代码为"通信故障"。

📚 **经验**：判断 **4.7kΩ 分压电阻是否开路的简单方法**。

　　① 测量接线端子通信电压，待机状态下为直流 24V，遥控开机室内机主板向室外机供电后电压仍为直流 24V 不变，可说明室外机通信电路没有工作。

　　② 测量 4.7kΩ 分压电阻上端电压为直流 24V，下端电压为直流 0V，两端电压差在 20V 以上，即可判断分压电阻开路损坏。

　　③ 早期主板中 4.7kΩ 分压电阻容易阻值变大或开路损坏，主要原因是电阻功率选用 0.25W 相对较小，而通信电路中电流过大而导致，见图 8-26，后期主板已将 4.7kΩ 分压电阻功率改为 1W。

二、室内机通信电路降压电阻开路，室外机不运行

　　故障说明：海信 KFR-26GW/08FZBPC（a）挂式直流变频空调器，制冷开机室外机不运

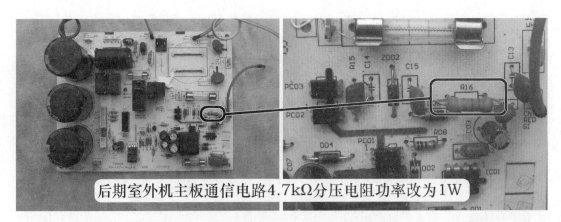

后期室外机主板通信电路4.7kΩ分压电阻功率改为1W

图8-26 后期室外机主板分压电阻功率改为1W

行,测量室内机接线端子上 L 与 N 电压为交流 220V,说明室内机主板已向室外机输出供电,但一段时间以后室内机主板主控继电器触点断开,停止向室外机供电,按压遥控器上的"高效"键 4 次,显示屏显示故障代码为"36",含义为通信故障。

1. 测量 N 与 S 端电压

将空调器接通电源但不开机,使用万用表直流电压档,见图 8-27 左图,黑表笔接室内机接线端子上零线 N,红表笔接 S,测量通信电压,正常为轻微跳动变化的直流 24V,实测电压为 0V,说明室内机主板有故障(注:此时已将室外机引线去掉)。

见图 8-27 右图,黑表笔不动,红表笔接 24V 稳压二极管 ZD1 正极,电压仍约为直流 0V,判断直流 24V 电压产生电路出现故障。

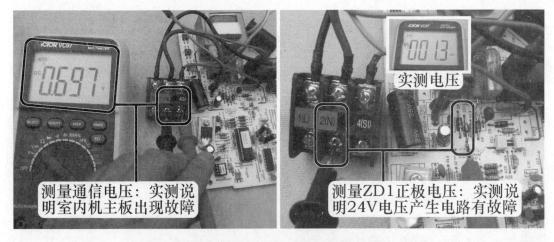

测量通信电压:实测说明室内机主板出现故障

测量ZD1正极电压:实测说明24V电压产生电路有故障

图8-27 测量室内机接线端子通信电压和主板直流 24V 电压

2. 直流 24V 电压产生电路工作原理

海信 KFR-26GW/08FZBPC(a)室内机通信电路直流 24V 电压产生电路原理图见图 8-28,实物图见图 8-29,交流 220V 电压中 L 端经电阻 R10 降压、二极管 D6 整流、电解电容 E02 滤波、稳压二极管(稳压值 24V)ZD1 稳压,与电源 N 端组合在 E02 两端形成稳定的直流 24V 电压,为通信电路供电。

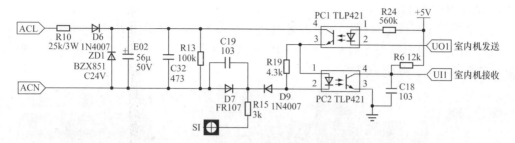

图 8-28 海信 KFR-26GW/08FZBPC（a）室内机通信电路原理图

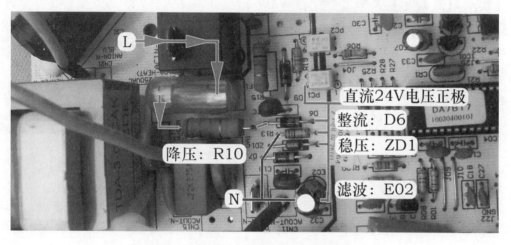

图 8-29 直流 24V 电压产生电路实物图

3. 测量降压电阻两端电压

由于降压电阻为通信电路供电，因此使用万用表交流电压档，见图 8-30，黑表笔不动依旧接零线 N 端，红表笔接降压电阻 R10 下端测量电压，实测电压约为 0V；红表笔测量 R10 上端电压约为交流 220V 等于供电电压，初步判断 R10 开路。

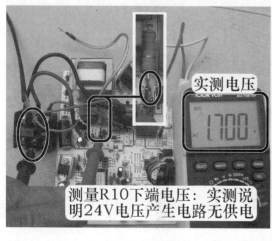
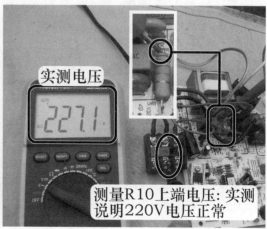

图 8-30 测量降压电阻 R10 下端和上端电压

4. 测量 R10 阻值

断开室内机主板供电，使用万用表电阻档，见图 8-31，测量电阻 R10 阻值，正常阻值为 25kΩ，在路测量阻值为无穷大，说明 R10 开路损坏；为准确判断，将其取下后，单独测量阻值仍为无穷大，确定开路损坏。

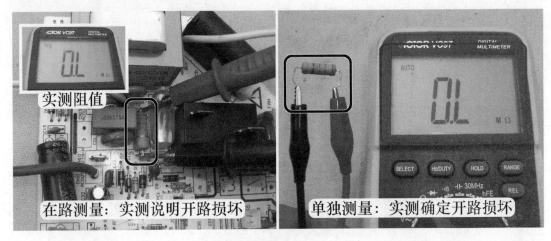

图 8-31　测量 R10 阻值

5. 更换电阻

见图 8-32 和图 8-33，电阻 R10 参数为 25kΩ/3W，由于没有相同型号电阻更换，实际维修时选用 2 个电阻串联代替，1 个为 15kΩ/2W，1 个为 10kΩ/2W，串联后安装在室内机主板上面。

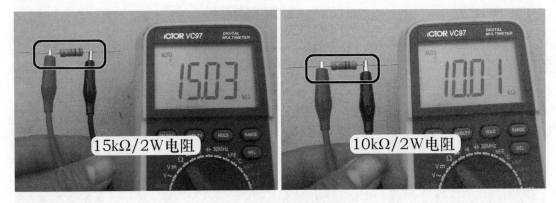

图 8-32　15kΩ 和 10kΩ 电阻

6. 测量通信电压和 R10 下端电压

将空调器接通电源，使用万用表直流电压档，见图 8-34 左图，黑表笔接室内机接线端子上零线 N 端，红表笔接 S 端测量电压为直流 24V，说明通信电压恢复正常。

万用表改用交流电压档，见图 8-34 右图，黑表笔不动，红表笔接电阻 R10 下端测量电压，实测为交流 135V。

维修措施： 见图 8-33 右图，代换降压电阻 R10。代换后恢复线路试机，遥控开机后室外风机运行，约 10s 后压缩机开始运行，制冷正常。

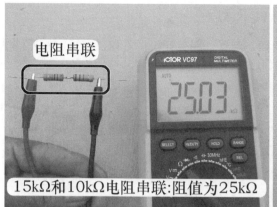
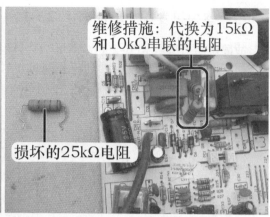

图 8-33　电阻串联后代替 R10

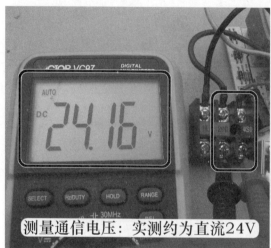
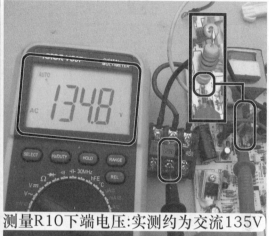

图 8-34　测量室内机接线端子通信电压和 R10 下端交流电压

总结

① 本例通信电路专用电压的降压电阻开路，使得通信电路没有工作电压，室内机和室外机的通信电路不能构成回路，室内机 CPU 发送的通信信号不能传送到室外机，室外机 CPU 也不能接收和发送通信信号，压缩机和室外风机均不能运行，室内机 CPU 因接收不到室外机传送的通信信号，约 2min 后停止向室外机供电，并记忆故障代码为"通信故障"。

② 遥控开机后，室外机得电工作，在通信电路正常的前提下，N 与 S 端电压由待机状态的直流 24V 立即变为 0~24V 跳动变化的电压。如果室内机向室外机输出交流 220V 供电后，通信电压不变仍为直流 24V，说明室外机 CPU 没有工作或室外机通信电路出现故障，应首先检查室外机的直流 300V 和 5V 电压，再检查通信电路元器件。

三、室内机发送光耦合器损坏，室外机不运行

故障说明： 海信 KFR-2601GW/BP 挂式变频空调器，遥控开机后室内机主板向室外机供电，但压缩机和室外风机均不运行，空调器不制冷，按压遥控器上的"传感器切换"键两次，室内机显示板组件上的"运行"、"电源"指示灯闪烁报故障代码，含义为"通信故障"。图 8-35 为通信电路原理图。

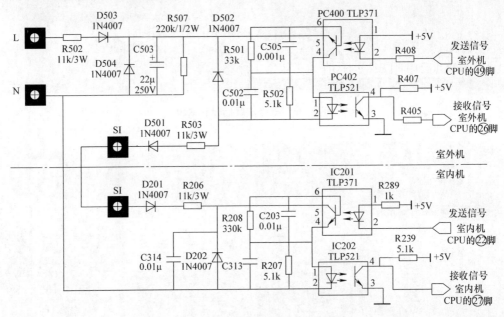

图 8-35　通信电路原理图

1. 测量接线端子电压

使用万用表直流电压档，见图 8-36 左图，黑表笔接 2 号 N 端子，红表笔接 S 端子，测量通信电压，在空调器上电但不开机即待机状态下，电压为 −20V 左右，此机通信电路电源设在室外机，测量待机状态的通信电压不能表明出现故障。

使用遥控器开机，室内机主板向室外机供电，见图 8-36 右图，通信电压由 −20V 变为约直流 220V，而正常值应为 0～140V 跳动变化的电压，说明通信电路出现故障。

2. 测量直流 140V 电压产生电路

由于通信电压产生电路设在室外机主板上，使用万用表直流电压档测量直流 300V 电压和直流 5V 电压均正常，测量 D504 两端电压（黑表笔接负极，红表笔接正极，相当于测量滤波电容 C503 两端电压），见图 8-37 左图，实测电压约为直流 220V，说明通信电压产生电路工作正常。

由于测量接线端子中的 N 与 S 电压和 D504 两端电压相同，均为直流 220V，说明室外机发送光耦合器次级已导通，且分压电阻 R503 和 D501 正常。

于是在室内机测量光耦合器输入端电压，黑表笔接电源 N 线（实接 D202 正极），红表笔接发送光耦合器 IC201 次级侧⑤脚，即集电极，见图 8-37 右图，实测电压约为直流 220V，说明 D201 和分压电阻 R206 正常，通信信号已送至室内机发送光耦合器。

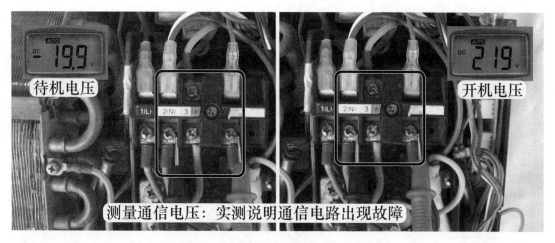

图 8-36　测量室内机接线端子 N 与 S 电压

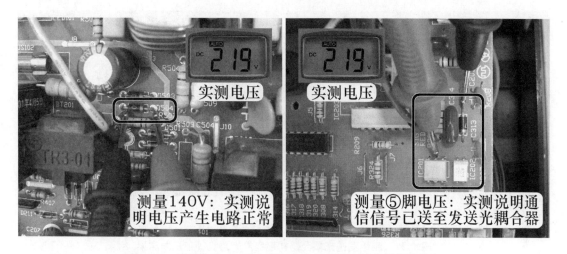

图 8-37　测量直流 140V 电压和室内机发送光耦合器⑤脚电压

3. 测量室内机发送光耦合器电压

黑表笔不动,红表笔接 IC201 次级侧④脚,即发射极,测量发送光耦合器输出端电压,见图 8-38 左图,实测电压约为直流 0V,说明 IC201 的⑤、④脚未导通。

黑表笔接 IC201 初级侧②脚,红表笔接①脚,测量初级侧发光二极管两端电压,见图 8-38 右图,实测为 0～1.1V 跳动变化的电压(其中 1.1V 时间比较长),说明室内机 CPU 未接收到室外机 CPU 发送的通信信号,已输出驱动电压至 IC201 初级侧,控制次级侧⑤、④脚导通,为接收信号做准备,现初级侧已有 1.1V 的驱动电压,但次级侧⑤、④脚未导通,判断 IC201 出现故障。

4. 测量发送光耦合器

切断空调器电源,使用万用表二极管档,见图 8-39,测量发送光耦合器 IC201 初级侧发光二极管,正常时应符合"正向导通、反向截止"的特性,实测结果说明 IC201 初级侧正常。

5. 更换发送光耦合器

发送光耦合器初级侧电压正常但次级侧引脚未导通,说明光耦合器损坏,测量初级侧发

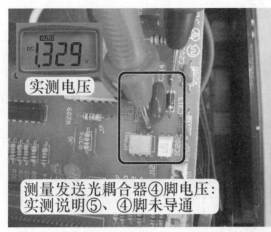

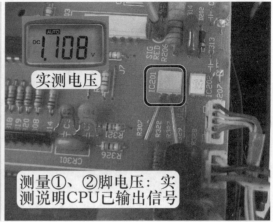

图 8-38　测量室内机发送光耦合器次级侧④脚和初级电压

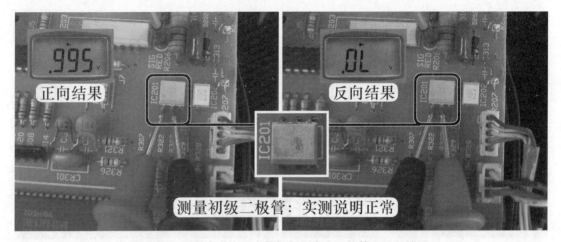

图 8-39　测量发送光耦合器初级侧发光二极管正反向结果

光二极管正常，判断故障原因有可能为光耦合器内部光源传送不正常或次级侧光敏晶体管开路损坏，但由于无法准确测量，见图 8-40，试从正常空调器拆下同型号光耦合器（TLP371）

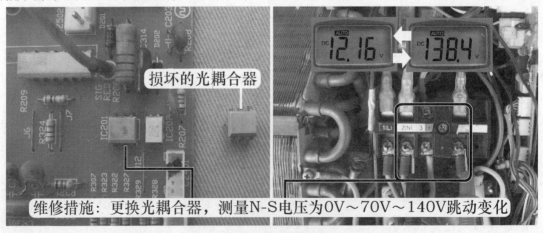

图 8-40　更换发送光耦合器后测量通信 N 与 S 端电压

进行更换。遥控开机后压缩机和室外风机运行，空调器开始制冷，再次测量室内机接线端子上的通信电压，为正常的 0V～70V～140V 跳动变化的电压。

维修措施：更换室内机发送光耦合器 IC201。

✎ 总结

① 本例由于室内机发送光耦合器次级侧引脚不能导通，通信电路不能构成回路，使得室外机 CPU 发送的信号不能传送至室内机 CPU，室内机 CPU 发送的信号也不能传送至室外机 CPU，通信中断，因而室外机不运行，室内机报故障代码为"通信故障"。

② 本机通信电压产生电路产生直流 140V 为通信电路提供载波电压，设在室外机主板上且没有稳压二极管，本例由于室内机发送光耦合器次级侧开路，通信电压不能与 N 线构成回路，因而从接线端子上测得的通信电压为直流 220V 而非直流 140V。

③ 本机如果室内机发送光耦合器 IC202 初级侧发光二极管开路，将出现和本例相同的故障现象，室内机接线端子上的通信电压也为直流 220V。

④ 本机通信电路常见故障。室外机主板：降压电阻 R502 或分压电阻 R503 开路，发送光耦合器 PC400 或接收光耦合器 PC402 损坏；室内机主板：分压电阻 R206 开路，发送光耦合器 IC201 或接收光耦合器 IC202 损坏。

四、室内机通信电路瓷片电容击穿，室外机不运行

故障说明：海信 KFR-26GW/27BP 挂式交流变频空调器，单位同事维修时先前因室外机不工作，检查原因为室内机主板未向室外机供电，因而更换室内机主板，更换后室内机主板向室外机供电，室外机主板直流 12V 电源指示灯常亮，但室外机仍不工作，又更换了室外机主板和模块均无法排除故障，邀请笔者共同维修。室内机通信电路原理图见图 8-28。

1. **测量室内机接线端子电压**

将空调器接通电源，遥控器开机，室内风机运行，能听室内机主板上继电器触点吸合的声音，说明已向室外机供电，使用万用表交流电压档，见图 8-41 左图，测量 L-N 端电压为交流 220V，说明供电正常。

使用万用表直流电压档，见图 8-41 右图，黑表笔接 2 号端子 N 零线，红表笔接 4 号端子 S 通信线，测量通信电压，正常为 0～24V 的跳动电压，但实测电压为直流 0V，说明通信电路出现故障。

2. **断开连接线后测量通信电压**

见图 8-42，由于通信电路由室内机和室外机电路共同组成，为判断是室内机主板故障还是室外机主板故障，于是在室内机接线端子处断开室外机的连接线，使用万用表直流电压档，再次测量室内机接线端子通信电压，实测电压仍为直流 0V，此机通信电路专用电源设在室内机主板，说明故障在室内机主板。

3. **测量通信电路电压**

依旧使用万用表直流电压档，见图 8-43 左图，测量通信电路电压，黑表笔接稳压二极管 ZD1 正极，红表笔接负极，正常值为稳定的直流 24V 电压，而实测值约为直流 2V（有时

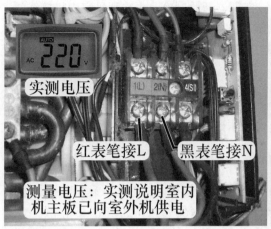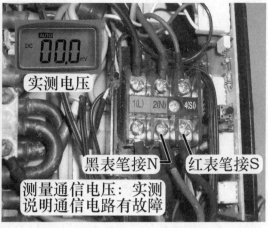

图8-41　测量室内机接线端子交流电压和通信电压

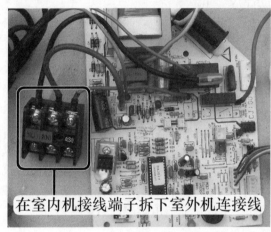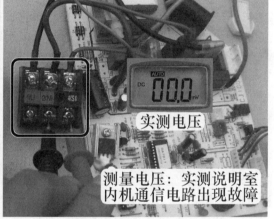

图8-42　在室内机接线端子拆下室外机连接线后测量通信电压

升高至约10V，但大部分时间为2V）。

将档位改为交流电压档，见图8-43右图，黑表笔不动依旧接稳压二极管正极，红表笔接降压电阻R10下端，正常值约为交流130V，实测结果说明降压电阻R10阻值正常。

4. 在路测量通信电路电子元器件

切断空调器电源，测量通信电路中电子元器件，见图8-44左图，使用万用表电阻档测量降压电阻R10阻值，实测结果约为25kΩ，说明降压电阻阻值正常。

再将档位换至二极管档，见图8-44右图，测量整流二极管D6，结果为正向导通543mV、反向无穷大，符合正向导通、反向截止的特性，说明正常。

依旧使用二极管档，见图8-45，测量稳压二极管ZD1，结果为正向导通688mV、反向无穷大，符合正向导通、反向截止的特性，说明正常。测量保护二极管D7时，结果为正反向均为2mV，说明击穿损坏。

5. 开路测量二极管D7

将二极管D7焊开一个引脚，见图8-46左图，在使用万用表二极管档测量时（即开路

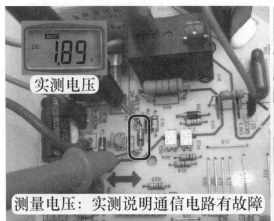

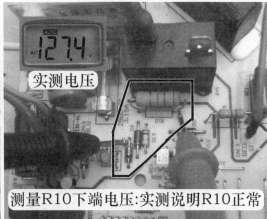

图 8-43　在路测量室内机主板直流 24V 电压和降压电阻下端交流电压

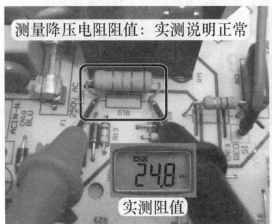

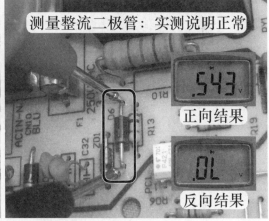

图 8-44　在路测量降压电阻阻值和整流二极管

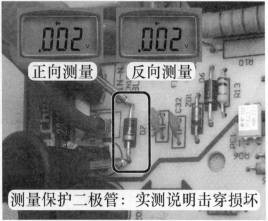

图 8-45　测量稳压二极管和保护二极管

测量），结果为正向导通 493mV、反向无穷大，符合正向导通、反向截止的特性，说明二极管正常。

见图 8-46 右图，查看主板上瓷片电容 C19 与 D7 并联，于是将 C19 焊开一个引脚，使用万用表电阻档测量 C19 两端阻值，正常阻值为无穷大，而实测阻值仅约为 4Ω，说明 C19 击穿损坏。

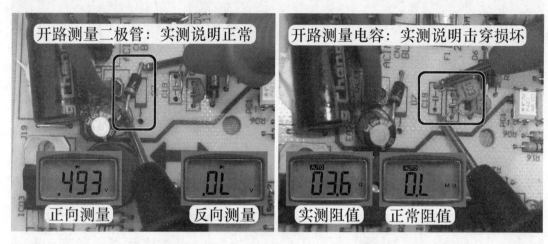

图 8-46　开路测量保护二极管和瓷片电容

维修措施：更换 C19（103 瓷片电容），见图 8-47。更换后将空调器接通电源，使用万用表直流电压档测量通信电压为稳定的直流 24V，恢复连接线试机，压缩机和室外风机运行，制冷恢复正常，故障排除。

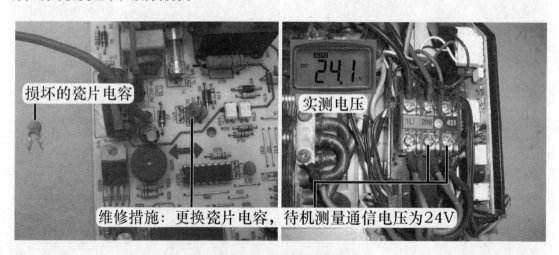

图 8-47　更换瓷片电容

总结

① C19 短路，相当于直流 24V 负载短路，因此在没有连接室外机的连接线时，通信电压为直流 0V，同时降压电阻 R10 发烫。

② 本例在维修时更换了室内机主板，因而在室外机不运行时，同时更换室外机主板和模块均不能排除故障，因此在维修时不要过分相信已更换的配件，而是要相信使用万用表测量得出的数据。

③ 瓷片电容在实际维修时因击穿损坏的故障率很小，一般为漏电损坏较多。本例在维修时在路测量二极管 D7 短路时，根本没有想到是 C19 击穿损坏。

五、室内、外机连接线接错，室外机不运行

故障说明： 海信 KFR-26GW/11BP 挂式交流变频空调器，移机时安装后开机，室内机主板向室外机供电，但室外机不运行，同时空调器不制冷。按压遥控器上的"传感器切换"键 2 次，显示板组件上"运行（蓝）、电源"指示灯亮，代码含义为通信故障。

1. 测量接线端子电压

在室内机接线端子上使用万用表直流电压档，见图 8-48 左图，测量通信电路电压，黑表笔接 2 号 N 端、红表笔接 4 号 SI 端，将空调器接通电源但不开机即待机状态时为直流 24V，说明室内机主板通信电压产生电路正常。

使用遥控器开机，室内机主板主控继电器触点吸合为室外机供电，见图 8-48 右图，通信电压由直流 24V 上升至 30V 左右，而不是正常的 0～24V 跳动变化的电压，说明通信电路出现故障，使用万用表交流电压档测量 1 号 L 端和 2 号 N 端电压为交流 220V。

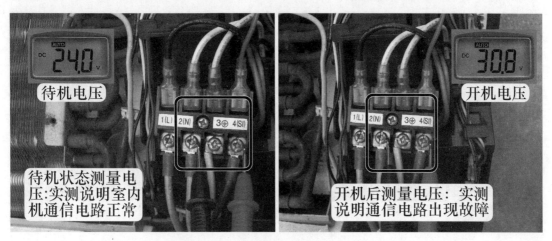

图 8-48　测量室内机接线端子 N 与 SI 电压

2. 测量室外机接线端子电压

使用万用表交流电压档，测量室外机接线端子上 1 号 L 端和 2 号 N 端电压为交流 220V，说明室内机输出的交流电压已送至室外机。

使用万用表直流电压档，见图 8-49 左图，黑表笔接 2 号 N 端、红表笔接 4 号 SI 端，测量通信电压约为直流 0V，说明通信信号未传送至室外机通信电路，由于室内机接线端子 2 号 N 端与 4 号 SI 端有通信电压，而室外机接线端子通信电压为 0V，说明通信信号出现断路。

使用万用表直流电压档，见图 8-49 右图，红表笔接 4 号 SI 端不动、黑表笔接 1 号 L 端

测量电压，正常电压应接近0V，而实测电压约为直流30V，和室内机接线端子上SI与N电压相同，由于是移机的空调器，应检查室内外机连接线是否对应。

图8-49 测量室外机 N-SI 和 SI-L 电压

3. 查看室内机和室外机接线端子连接线

此机原机配线够长，中间未加长引线，切断空调器电源，仔细查看室内机和室外机接线端子上引线颜色，见图8-50，发现为1号L端与2号N端上引线接反。

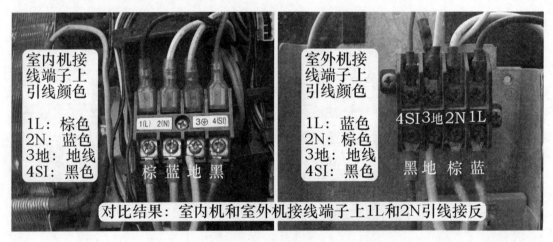

图8-50 检查室内机和室外机接线端子引线

维修措施：对调室外机接线端子上1号L端和2号N端引线位置，使室外机和室内机引线相对应，再次上电开机，室外机运行，空调器开始制冷，测量2号N端和4号SI端的通信电压为0~24V跳动变化的电压。

⚒ 总结

① 根据图8-28的通信电路原理图，通信电压直流24V正极由电源L线降压、整流、滤波，与电源N线构成回路，因此2号N线具有双重作用，与1号L线组合为交流220V

为室外机供电，与 4 号 SI 线组合为室内机和室外机的通信电路提供回路。

②本例 1 号 L 线和 2 号 N 线接反后，由于交流 220V 无极性之分，因此室外机的直流 300V、直流 5V 电压均正常，但室外机通信电路的公共端为电源 L 线，与 4 号 SI 线不能构成回路，通信电路中断，造成室外机不运行、室内机 CPU 因接收不到通信信号约 2min 后停止向室外机供电，并报故障代码为"通信故障"。

③遇到开机后室外机不运行、报故障代码为"通信故障"时，如果为新装机或刚移机未使用的空调器，应首先检查室内机和室外机的连接线位置是否对应。

第九章

变频空调器强电电路和模块压缩机故障

·第一节 室外机强电电路故障·

一、20A 熔丝管开路，室外机不运行

故障说明：海信 KFR-60LW/29BP 柜式交流变频空调器，遥控开机后室外风机和压缩机均不运行，空调器不制冷。

1. 测量室内机接线端子电压

取下室内机进风格栅和电控盒盖板，将空调器接通电源但不开机即处于待机状态，使用万用表直流电压档，见图9-1，黑表笔接 2 号端子 N 零线，红表笔接 4 号端子通信 SI 线，测量通信电压，实测为直流 24V，说明室内机主板通信电压产生电路正常。

表笔不动，使用遥控器开机，听到室内机主板继电器触点闭合的声音，说明已向室外机供电，但实测通信电压仍为直流 24V 不变，而正常应为 0～24V 跳动变化的直流电压，判断室外机由于某种原因没有工作。

图 9-1　测量室内机接线端子电压

2. 测量室外机接线端子电压

到室外机检查，见图 9-2 左图，使用万用表交流电压档测量接线端子上 1 号端子 L 相线

和 2 号端子 N 零线电压为交流 220V，使用万用表直流电压档测量 2 号端子 N 零线和 4 号端子通信 SI 线电压为直流 24V，说明室内机主板输出的交流 220V 和通信 24V 电压已送到室外机接线端子。

见图 9-2 右图，观察室外机电控盒上方设有 20A 熔丝管，使用万用表交流电压档，黑表笔接 2 号端子 N 零线，红表笔接熔丝管引线，正常电压为交流 220V，而实测电压为交流 0V，判断熔丝管出现开路故障。

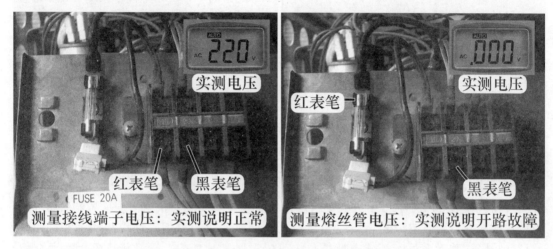

图 9-2　测量室外机接线端子电压和熔丝管后端电压

3. 查看熔丝管

切断空调器电源，取下熔丝管，见图 9-3，发现一端焊锡已经熔开，烧出一个大洞，使得内部熔丝与外壳金属脱离，表现为开路故障，而正常熔丝管接口处焊锡平滑，焊点良好，也说明本例熔丝管开路为自然损坏，不是由于过电流或短路故障引起。

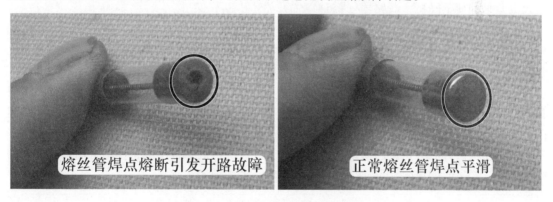

图 9-3　损坏的熔丝管和正常的熔丝管

4. 应急试机

为检查室外机是否正常，应急为室外机供电，见图 9-4 左图，将熔丝管管座的输出端子引线拔下，直接插在输入端子上，这样相当于短接熔丝管，再次上电开机，室外风机和压缩机均开始运行，空调器制冷良好，判断只是熔丝管损坏。

维修措施：更换熔丝管，见图 9-4 右图，更换后上电开机，空调器运行正常，故障排除。

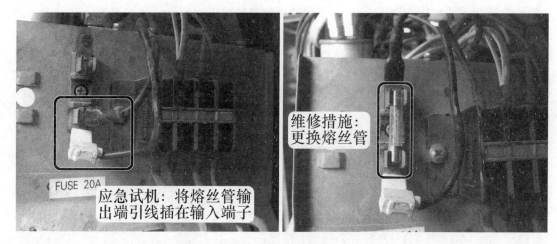

维修措施：
更换熔丝管

应急试机：将熔丝管输
出端引线插在输入端子

图9-4　短接熔丝管试机和更换熔丝管

总结

　　熔丝管在实际维修中由于过电流引发内部熔丝开路的故障很少出现，熔丝管常见故障如本例故障，由于空调器运行时电流过大，熔丝发热使得焊口部位焊锡开焊而引发的开路故障，并且多见于柜式空调器，也可以说是一种通病，通常出现在使用几年之后的空调器。

二、滤波电感线圈漏电，上电断路器跳闸

　　故障说明：海信 KFR-2601GW/BP×2 一拖二挂式交流变频空调器，只要将电源插头一插入电源，即使不开机，断路器（俗称空气开关）即断开保护。

　　1. 测量硅桥

　　上门检查，将空调器插头插入电源插座，见图9-5左图，断路器立即断开保护，由于此时并未开机，断路器即跳开保护，说明故障出现在强电通路上。

　　由于硅桥连接交流220V，其短路后容易引起上电跳闸故障，因此首先使用万用表二极管档，见图9-5右图，正向和反向测量硅桥的4个引脚，即测量内部4个整流二极管，实测结果说明硅桥正常，未出现击穿故障。

　　由于模块击穿有时也会出现跳闸故障，拔下模块上面的5根引线，使用万用表二极管档测量 P/N/U/V/W 的正向和反向结果均符合要求，说明模块正常。

　　说明：测量硅桥时需要测量4个引脚之间正向和反向的结果，且测量时不用从室外机上取下，本例只是为使图片清晰才拆下，图中只显示正向测量硅桥的正与负引脚结果。

　　2. 测量滤波电感线圈阻值

　　此时交流强电回路中只有滤波电感未测量，拔下滤波电感的橙线和黄线，使用万用表电

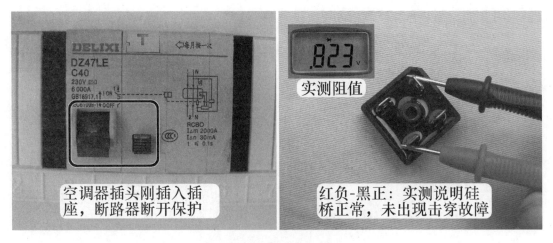

图 9-5　断路器跳闸和测量硅桥

阻档，测量 2 根引线阻值，实测阻值接近 0Ω，说明线圈正常导通。

　　见图 9-6，一表笔接外壳地（本例红表笔实接冷凝器铜管），一表笔接线圈（本例黑表笔接橙线），测量滤波电感线圈对地阻值，正常阻值为无穷大，实测阻值约为 300kΩ，说明滤波电感线圈出现漏电故障。

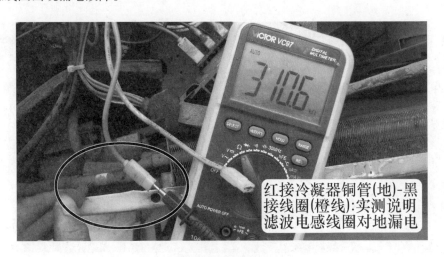

图 9-6　测量滤波电感线圈对地阻值

　　3. 短接滤波电感线圈试机

　　见图 9-7 左图，硅桥正极输出经滤波电感线圈后返回至滤波板上，再经过上面线圈送至滤波电容正极，然后再送至模块 P 端。

　　查看滤波电感的 2 根引线插在 60μF 电容的 2 个端子，因此拔下滤波电感的引线后，见图 9-7 右图，将电容上的另外两根引线插在一起（相通的端子上），即硅桥正极输出经滤波板上线圈直接送至滤波电容正极，相当于短接滤波电感，将空调器接通电源，断路器不再断开保护，遥控器开机，压缩机和室外风机开始运行，空调器制冷正常，确定为滤波电感漏电损坏。

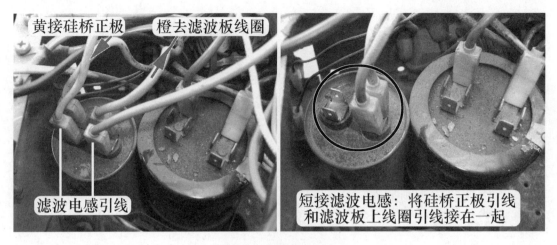

图 9-7　短接滤波电感

4. 取下滤波电感

滤波电感位于室外机底座最下部，见图 9-8，距离压缩机底脚很近。取下滤波电感时，首先拆下前盖，取下室外机轴流风扇（防止在维修时损坏扇叶，并且扇叶不容易配到），再取下挡风隔板，即可看见滤波电感，将 4 个固定螺钉全部松开后，取下滤波电感。

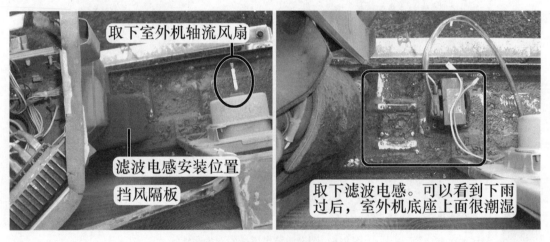

图 9-8　滤波电感安装位置并取下

5. 测量损坏的滤波电感

使用万用表电阻档，见图 9-9 左图，黑表笔接线圈端子、红表笔接铁心，测量阻值，正常值为无穷大，实测阻值约为 360kΩ，从而确定滤波电感线圈对地漏电损坏。

见图 9-9 右图，更换型号相同的滤波电感试机，上电后断路器不再断开保护，遥控开机，室外机运行，制冷恢复正常，故障排除。

维修措施：更换滤波电感。由于滤波电感不容易更换，在判断其出现故障之后，如果有相同型号的配件，见图 9-10，可使用连接引线，接在电容的 2 个端子上进行试机，在确定为滤波电感出现故障后，再拆壳进行更换，以避免做无谓的工作。

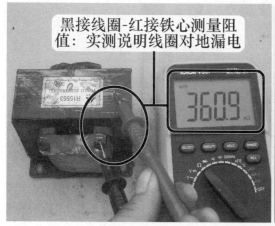

图 9-9　测量滤波电感对地阻值和更换滤波电感

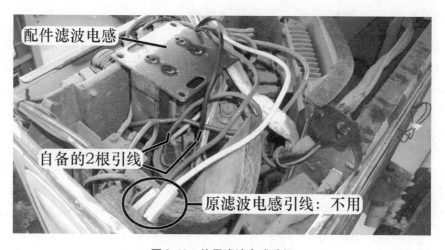

图 9-10　使用滤波电感试机

总结

本例是一个常见故障，是一个通病，在很多品牌的空调器机型中均出现类似现象，原因有 2 个。

① 滤波电感位于室外机底座的最下部，因为天气下雨或制热时化霜水将其浸泡，其经常被雨水或化霜水包围，所以导致线圈绝缘下降。

② 早期滤波电感封口部位于下部，见图 9-11 左图，时间长了以后，封口部位焊点开焊，铁心坍塌与线圈接触，引发漏电故障，出现上电后或开机后断路器断开保护的故障现象。

③ 目前生产滤波电感将封口部位的焊点改在上部，见图 9-11 右图，这样即使下部被雨水包围，也不会出现铁心坍塌和线圈接触而导致的漏电故障。

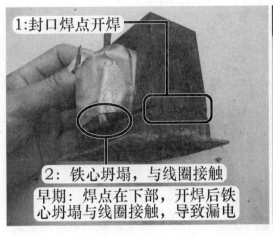

图 9-11　故障原因

三、PFC 模块中硅桥击穿，室外机不运行

故障说明：海信 KFR-35GW/08FZBPC-3 挂式直流变频空调器，用户反映不制冷。遥控开机后，室内风机运行，但室外机不运行，一段时间以后，按压遥控器上的"高效"键 4 次，显示屏显示故障代码为"36"，含义为通信故障。

1. 测量直流 300V 电压

由于室外机不运行，因此先到室外机检查，取下室外机上盖，使用万用表直流电压档，见图 9-12 左图，黑表笔接模块 N 端子，红表笔接模块 P 端子，测量直流 300V 电压，实测电压为直流 0V，说明交流 220V 强电通路有开路或直流 300V 负载有短路故障。

使用万用表交流电压档，见图 9-12 右图，黑表笔接电源 N 端子，红表笔接主控继电器后端触点，正常电压为交流 220V，实测电压为交流 0V，向前测量触点电压为交流 220V，初步判断 PTC 电阻出现开路故障，用手摸 PTC 电阻表面发烫，说明后级负载有短路故障。

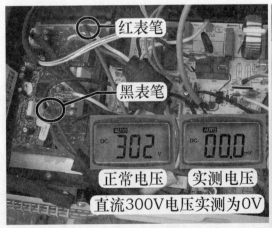
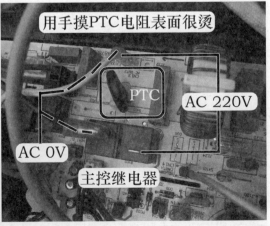

图 9-12　测量直流 300V 电压和手摸 PTC 电阻发烫

2. 本机硅桥与模块板简介

本机未使用常见形式的硅桥，而是使用 PFC 模块，见图 9-13，将硅桥和 PFC 电路集成在一个模块内，和变频模块做在同一块电路板上。

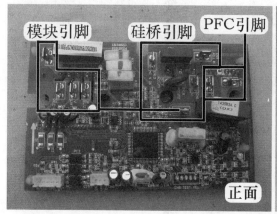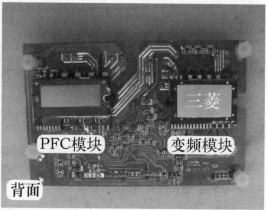

图 9-13　模块板正面与背面

见图 9-14，模块板正面共有 10 个接线端子。变频模块引脚有 4 个，分别为 P、U、V、W 端子；硅桥引脚有 4 个，为 2 个交流输入端（AC N、AC L）和 2 个直流输出端（N 为直流负极、L1 为直流正极）。PFC 模块引脚有 2 个，L2 为输入端、CAP + 为输出端。

> 💡 **说明**：硅桥直流负极经水泥电阻直接连至模块 N 引脚，因此未设模块 N 端子。

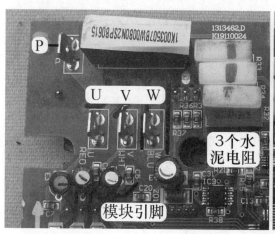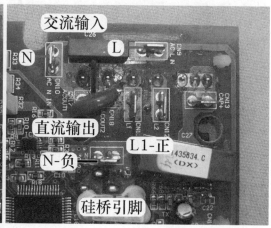

图 9-14　模块板正面 10 个端子功能

3. 测量模块引脚

检查容易出现击穿故障的模块引脚，使用万用表二极管档，见图 9-15，红表笔接 N 端子即硅桥负极引脚，黑表笔接 P 端子，结果为 751mV；黑表笔改接 U/V/W 端子，结果均为 419mV，初步判断模块正常。测量 N 与 U/V/W 端子的正反向结果，以及 U/V/W 端子之间均符合要求，没有出现短路数值，判断模块正常。

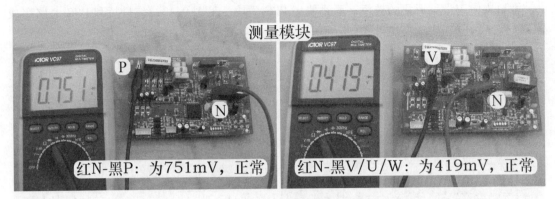

红N-黑P：为751mV，正常　　　　　红N-黑V/U/W：为419mV，正常

图9-15　测量模块引脚

4. 测量硅桥引脚

使用万用表二极管档测量硅桥引脚，见图9-16，红表笔接负极N，黑表笔接2个交流输入端AC L和AC N，正常时应为正向导通，而实测结果均为0mV。

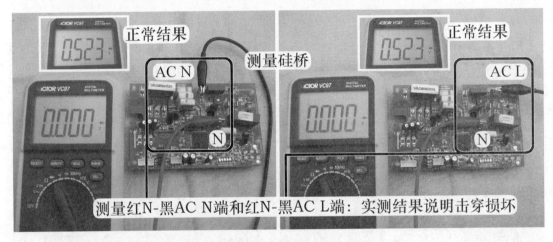

测量红N-黑AC N端和红N-黑AC L端：实测结果说明击穿损坏

图9-16　测量硅桥引脚

见图9-17，表笔接2个交流输入端时，正常时应为无穷大，而实测结果为0mV；将红表笔接负极N，黑表笔接正极L1，相当于测量2个串联的二极管，正常结果通常在700mV以上，而实测仅为470mV。综合以上3次测量结果，可以判断PFC模块内硅桥中至少有2个二极管击穿。

维修措施： 由于硅桥集成在PFC模块内部，且PFC模块不能更换，因此在实际维修时更换模块板，新更换的模块板实物外形见图9-18。原模块板上变频模块使用三菱系列，新更换的模块板使用仙童系列。

四、硅桥击穿，开机断路器跳闸

故障说明： 海信KFR-2601GW/BP挂式交流变频空调器，上电正常，但开机后断路器跳闸。

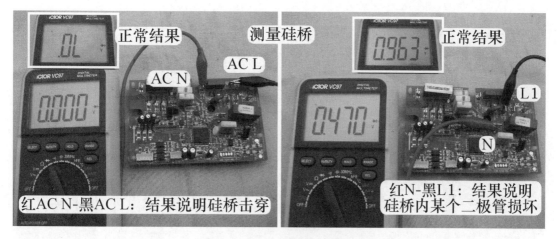

图 9-17　测量硅桥引脚（续）

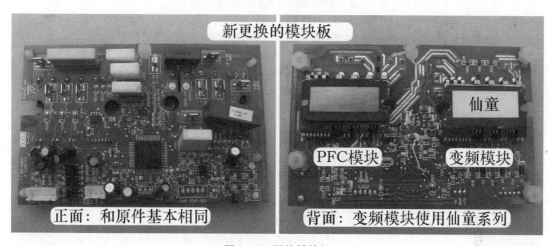

图 9-18　更换模块板

1. 开机后断路器跳闸

将电源插头插入电源插座，见图 9-19 左图，导风板自动关闭，说明室内机主板 5V 电压正常，CPU 工作后控制导风板自动关闭。

使用遥控器开机，导风板自动打开，室内风机开始运行，但室内机主板主控继电器触点吸合向室外机供电时，见图 9-19 右图，断路器立即跳闸保护，说明空调器有短路或漏电故障。

2. 常见故障原因

开机后断路器跳闸保护，主要是向室外机供电时因电流过大而跳闸，见图 9-20，常见原因有硅桥击穿短路、滤波电感漏电（绝缘下降）、模块击穿短路、压缩机线圈与外壳短路。

3. 测量硅桥

开机后断路器跳闸故障首先需要测量硅桥是否击穿。拔下硅桥上面的 4 根引线，使用万用表二极管档测量硅桥，见图 9-21，红表笔接正极端子，黑表笔接两个交流输入端，正常时应为正向导通，而实测时结果均为 3mV。

红、黑表笔分别接两个交流输入端，见图 9-22，正常时应为无穷大，而实测结果均为 0mV，根据实测结果判断硅桥击穿损坏。

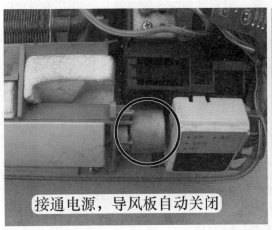
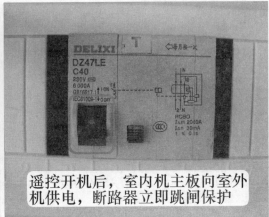

接通电源，导风板自动关闭

遥控开机后，室内机主板向室外机供电，断路器立即跳闸保护

图 9-19　遥控开机后断路器跳闸

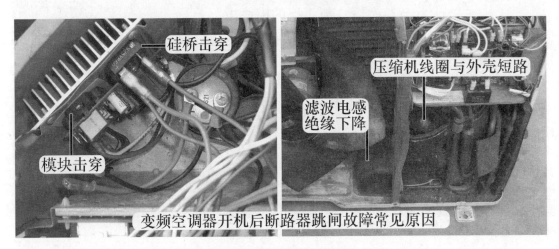

硅桥击穿

模块击穿

压缩机线圈与外壳短路

滤波电感绝缘下降

变频空调器开机后断路器跳闸故障常见原因

图 9-20　跳闸故障常见原因

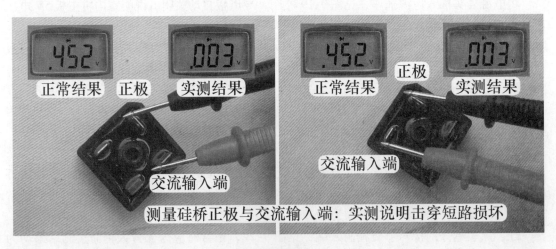

正常结果　　正极　　实测结果

正常结果　　正极　　实测结果

交流输入端

交流输入端

测量硅桥正极与交流输入端：实测说明击穿短路损坏

图 9-21　测量硅桥（一）

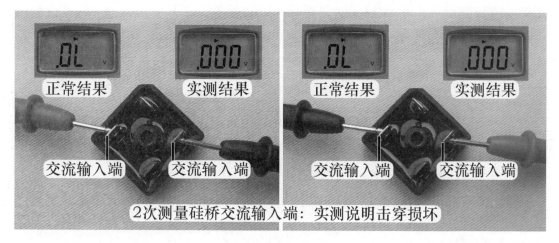

正常结果　实测结果　正常结果　实测结果

交流输入端　交流输入端　交流输入端　交流输入端

2次测量硅桥交流输入端：实测说明击穿损坏

图 9-22　测量硅桥（二）

维修措施：见图 9-23，更换硅桥。空调器接通电源，遥控开机，断路器不再跳闸保护，压缩机和室外风机均开始运行，制冷正常，故障排除。

损坏的硅桥

新更换的硅桥

图 9-23　更换硅桥

总结

①硅桥内部有 4 个整流二极管，有些品牌型号的变频空调器如只击穿 3 个，只有 1 个未损坏，则有可能表现为室外机上电后断路器不会跳闸保护，但直流 300V 电压为 0V，同时手摸 PTC 电阻发烫，其断开保护，表现和模块 P-N 端击穿相同。

②也有些品牌型号的变频空调器，如硅桥只击穿内部 1 个二极管，而另外 3 个正常，室外机上电时断路器也会跳闸保护。

③有些品牌型号的变频空调器，如硅桥只击穿内部 1 个二极管，而另外 3 个正常，也有可能表现为室外机刚上电时直流 300V 电压为直流 200V 左右，而后逐渐下降至直流 30V 左右，同时 PTC 电阻烫手。

④ 同样为硅桥击穿短路故障，根据不同品牌型号的空调器、损坏的程度（即内部二极管击穿的数量）、PTC 电阻特性、断路器容量大小，所表现的故障现象也各不相同，在实际维修时应加以判断。但总的来说，硅桥击穿一般表现为上电或开机后断路器跳闸。

· 第二节　模块故障和压缩机故障 ·

一、模块 P-U 端子击穿，报模块故障

故障说明：海信 KFR-28GW/39MBP 挂式交流变频空调器，遥控开机后室外风机运行，但压缩机不运行，空调器不制冷。

1. 查看故障代码

见图 9-24，遥控开机后室外风机运行，但压缩机不运行，室外机主板直流 12V 电压指示灯点亮，说明开关电源已正常工作，模块板上以 LED1 和 LED3 指示灯灭、LED2 指示灯闪的方式报故障代码，查看代码含义为"模块故障"。

图 9-24　压缩机不运行和模块板报故障代码

2. 测量直流 300V 电压

使用万用表直流电压档，见图 9-25，测量室外机主板上滤波电容直流 300V 电压，实测为直流 297V，说明电压正常，由于故障代码显示为"模块故障"，应拔下模块板上的 P、N、U、V、W 的 5 根引线，使用万用表二极管档测量模块。

3. 测量模块

使用万用表二极管档，见图 9-26，测量模块的 P、N、U、V、W 的 5 个端子，测量结果见表 9-1，在路测量模块的 P 和 U 端子，正向和反向测量均为 0mV，判断模块 P 和 U 端子击穿；取下模块，单独测量 P 和 U 端子正向和反向均为 0mV，确定模块击穿损坏。

表 9-1　测量模块

模块端子												
万用表（红）	P			N			U	V	W	U	V	W	P	N
万用表（黑）	U	V	W	U	V	W	P			N			N	P
结果/mV	0	无	无	436			0	436	436	无穷大			无	436

图 9-25　测量直流 300V 电压和拔下 5 根引线

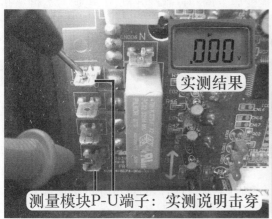
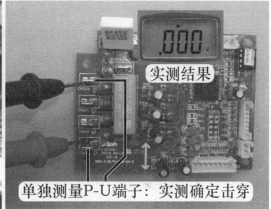

图 9-26　测量模块 P 和 U 端子击穿

维修措施：见图 9-27，更换模块板。

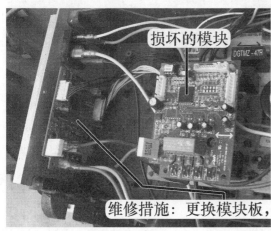
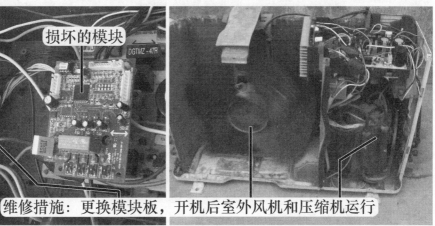

图 9-27　更换模块板

总结

① 本例模块 P 和 U 端子击穿，在待机状态下由于 P-N 未构成短路，因而直流 300V 电压正常，而遥控开机后室外机 CPU 驱动模块时，立即检测到模块故障，瞬间就会停止驱动模块，并报出"模块故障"的故障代码。

② 如果为早期模块，同样为 P 和 U 端子击穿，则直流 300V 电压可能会下降至 260V 左右，出现室外风机运行、压缩机不运行的故障。

③ 如果模块为 P 和 N 端子击穿，相当于直流 300V 短路，则室内机主板向室外机供电后，室外机直流 300V 电压为 0V，PTC 电阻发烫，室外风机和压缩机均不运行。

二、模块 P-N 端子击穿，室外机不运行

故障说明：海信 KFR-2601GW/BP 挂式交流变频空调器，制冷开机，"电源、运行"指示灯亮，室内风机运行，但室外风机和压缩机均不运行，室内机指示灯显示故障代码含义为"通信故障"，使用万用表交流电压档测量室内机接线端子上 1 号 L 和 2 号 N 端子电压为交流 220V，说明室内机主板已输出交流电源，由于室外风机和压缩机均不工作，室内机又报出"通信故障"的故障代码，因此应检查室外机。

1. 测量直流 300V 电压和室外机主板输入端电压

使用万用表直流电压档，见图 9-28 左图，测量直流 300V 电压，黑表笔接主滤波电容负极、红表笔接正极，正常值为直流 300V，实测为直流 0V，判断故障部位在室外机，可能为后级负载短路或前级供电电路出现故障。

向前级检查故障，使用万用表交流电压档，见图 9-28 右图，测量室外机主板输入端电压，正常为交流 220V，实测说明室外机主板供电正常。

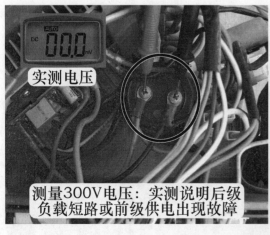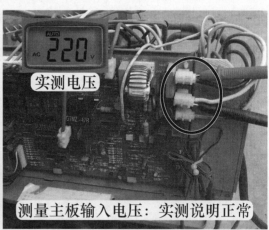

图 9-28　测量直流 300V 电压和室外机主板输入端电压

2. 测量硅桥输入端电压

使用万用表交流电压档，见图 9-29 左图，测量硅桥的 2 个交流输入端电压，正常为交流 220V，而实测电压为交流 0V，判断直流 300V 电压为 0V 的原因是由硅桥输入端无交流电源引起。

　　室外机主板输入电压正常，但硅桥输入端电压为交流 0V，而室外机主板输入端到硅桥的交流输入端只串接有 PTC 电阻，初步判断其出现开路故障，见图 9-29 右图，用手摸 PTC 电阻表面，感觉很烫，说明后级负载有短路故障。

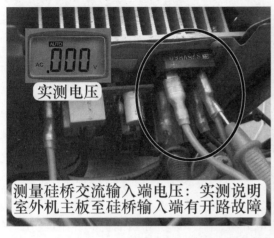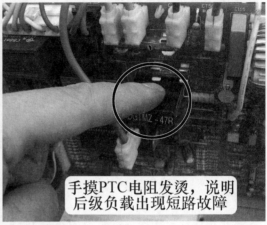

图 9-29　测量硅桥交流输入端电压和手摸 PTC 电阻

　　3. 断开模块 P、N 端子引线

　　引起 PTC 电阻发烫的原因主要是模块短路和开关管击穿，见图 9-30，拔下模块 P、N 端子引线，再次上电开机，使用万用表直流电压档测量直流 300V 电压已恢复正常，因此初步判断模块出现短路故障。

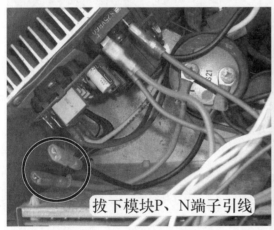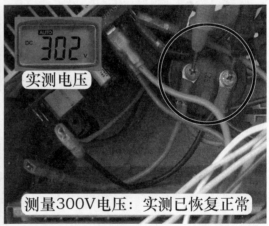

图 9-30　断开模块 P、N 端子引线后测量直流 300V 电压

　　4. 测量模块

　　使用万用表二极管档，见图 9-31，测量 P、N 端子，模块正常时应符合正向导通、反向无穷大的特性，但实测正向和反向均为 58mV，说明模块 P、N 端子已短路。

> 💡 **说明**：此处为使用图片清晰，将模块拆下测量；实际维修时模块不用拆下，只需要将模块的 P、N、U、V、W 5 个端子引线拔下，即可测量。

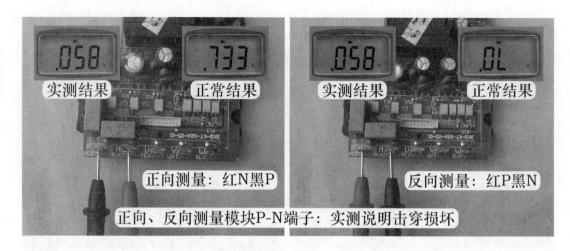

图 9-31　测量模块

维修措施：更换模块，见图 9-32，再次上电开机，室外风机和压缩机均开始运行，空调器开始制冷，使用万用表直流电压档测量直流 300V 电压已恢复正常。

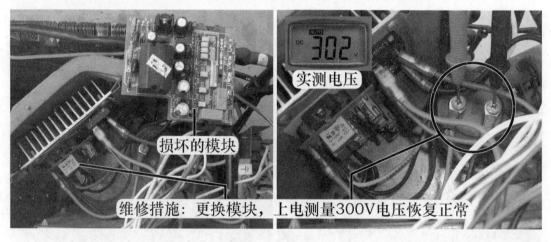

图 9-32　更换模块

总结

本例模块 P、N 端子击穿，使得室外机上电时因负载电流过大，PTC 电阻过热，阻值变为无穷大，室外机无直流 300V 电压，室外机主板 CPU 不能工作，室内机 CPU 因接收不到通信信号，报出"通信故障"的故障代码。

三、压缩机线圈对地短路，报模块故障

故障说明：海信 KFR-50GW/09BP 挂式交流变频空调器，遥控开机后不制冷，检查为室外风机运行，但压缩机不运行。

1. 测量模块

遥控开机，听到室内机主板主控继电器触点闭合的声音，判断室内机主板向室外机供电，到室外机检查，观察室外风机运行，但压缩机不运行，取下室外机外壳过程中，如果一只手摸窗户的铝合金外框、一只手摸冷凝器时有电击的感觉，判断是此空调器电源插座中地线未接或接触不良引起。

观察室外机主板上指示灯 LED2 闪、LED1 和 LED3 灭，查看故障代码含义为"模块故障"，在室内机按压遥控器上的"高效"键 4 次，显示屏显示"5"的代码，含义仍为"模块故障"，说明室外机 CPU 判断模块出现故障。

切断空调器电源，拔下压缩机 U、V、W 的 3 根引线，滤波电容上去室外机主板的正极（接模块 P 端子）和负极（接模块 N 端子）引线，使用万用表二极管档，见图 9-33，测量模块 5 个端子，实测结果符合正向导通、反向截止的二极管特性，判断模块正常。

使用万用表电阻档，测量压缩机 U（红）、V（白）、W（蓝）的 3 根引线，3 次阻值均为 0.8Ω，也说明压缩机线圈阻值正常。

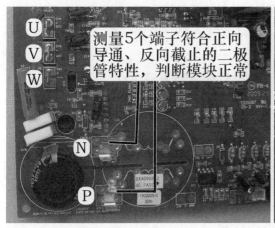
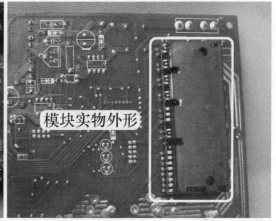

图 9-33　测量模块

2. 更换室外机主板

由于测量模块和压缩机线圈均正常，判断室外机 CPU 误判或相关电路出现故障，此机室外机只有一块电路板，集成 CPU 控制电路、模块、开关电源等所有电路；试更换室外机主板，见图 9-34，开机后室外风机运行但压缩机仍不运行，故障依旧，指示灯依旧为 LED2 闪、LED1 和 LED3 灭，报故障代码仍为"模块故障"。

3. 测量压缩机线圈对地阻值

引起"模块故障"的原因有模块、开关电源直流 15V 供电、压缩机故障。现室外机主板已更换，可以排除模块和直流 15V 供电故障，故障原因还有可能为压缩机故障。为判断故障，拔下压缩机线圈的 3 根引线，再次上电开机，室外风机运行，室外机主板上 3 个指示灯同时闪，含义为压缩机正常升频即无任何限频因素，一段时间以后室外风机停机，报故障代码为"无负载"，因此判断故障为压缩机损坏。

切断空调器电源，使用万用表电阻档测量 3 根引线阻值，UV、UW、VW 均为 0.8Ω，说明线圈阻值正常。见图 9-35 左图，将一支表笔接冷凝器相当于接地线，一支表笔接压缩

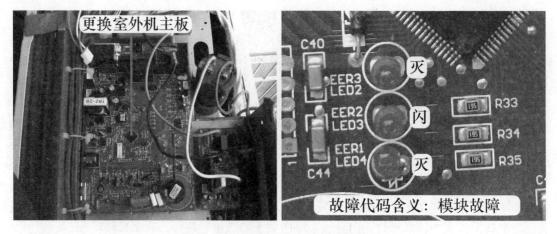

图 9-34 更换室外机主板和故障代码

机线圈引线，正常阻值应为无穷大，而实测约为 25Ω，判断压缩机线圈对地短路损坏。

为准确判断，取下压缩机接线端子上的引线，直接测量压缩机接线端子与排气口铜管阻值，见图 9-35 右图，正常为无穷大，而实测仍为 25Ω，确定压缩机线圈对地短路损坏。

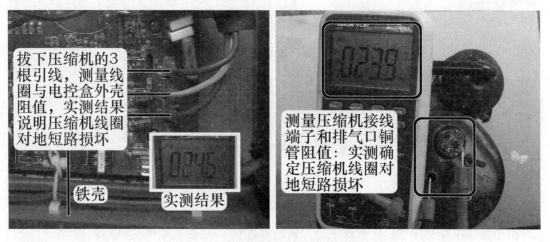

图 9-35 测量压缩机引线对地阻值

维修措施： 见图 9-36，更换压缩机。型号为三洋 QXB-23（F）交流变频压缩机，根据顶部钢印可知，线圈供电为三相，定频频率 60Hz 时工作电压为交流 140V，线圈与外壳（地）正常阻值大于 2MΩ。拔下吸气管和排气管的封塞，将 3 根引线安装在新压缩机接线端子上，上电开机压缩机运行，吸气管有气体吸入，排气管有气体排出，室外机主板不报"模块故障"的故障代码，更换压缩机后对系统顶空，加氟至 0.45MPa 试机时制冷正常。

总结

① 本例在维修时走了弯路，在室外机主板报出"模块故障"的故障代码时，测量模

块正常后仍判断室外机 CPU 误报或有其他故障，而更换室外机主板。假如在维修时拔下压缩机线圈的 3 根引线，室外机主板不再报"模块故障"的故障代码，改报"无负载"的故障代码时，就可能会仔细检查压缩机，可减少一次上门维修次数。

②本例在测量压缩机线圈只测量引线之间阻值，而没有测量线圈对地阻值，这也说明在检查时不仔细，也从另外一个方面说明压缩机故障时会报出"模块故障"的故障代码，且压缩机线圈对地短路时也会报出相同的故障代码。

③本例断路器不带漏电保护功能，因此开机后报故障代码为"模块故障"，假如本例断路器带有漏电保护功能，故障现象则表现为上电后断路器跳闸。

图 9-36　压缩机实物外形和铭牌

四、压缩机线圈短路，报模块故障

故障说明：海信 KFR-26GW/27BP 挂式交流变频空调器，开机后不制冷，到室外机查看，室外风机运行，但压缩机运行 15s 后停机。

1. 查看故障代码

拔下电源插头，约 1min 后重新上电，室内机 CPU 和室外机 CPU 复位，遥控开机后，在室外机观察，压缩机首先运行，但约 15s 后停止运行，室外风机一直运行，见图 9-37 左图，模块板上指示灯报故障为 LED1 和 LED3 灭、LED2 闪，查看代码含义为"模块故障"；在室内机按压遥控器上的"高效"键 4 次，显示屏显示故障代码为"05"，含义同样为"模块故障"。

切断空调器电源，待室外机主板开关电源停止工作后，拔下模块板上"P、N、U、V、W"的 5 根引线，使用万用表二极管档，见图 9-37 右图，测量模块 5 个端子符合正向导通、反向截止的二极管特性，判断模块正常。

2. 测量压缩机线圈阻值

使用万用表电阻档，测量压缩机线圈阻值，压缩机线圈共有 3 根引线，分别为红（U）、

图 9-37　故障代码和测量模块

白（V）、蓝（W），见图 9-38，测量 UV 引线阻值为 1.6Ω，UW 引线阻值为 1.7Ω，VW 引线阻值为 2.0Ω，实测阻值不平衡，相差约 0.4Ω。

图 9-38　测量压缩机线圈阻值

3. 测量室外机电流和模块电压

恢复模块板上的 5 根引线，使用 2 块万用表。1 块为 UT202，见图 9-39，选择交流电流档，表头钳住室外机接线端子上 1 号电源 L 相线，测量室外机的总电流；1 块为 VC97，见图 9-40，选择交流电压档，测量模块板红线 U 和白线 V 电压。

重新上电开机，室内机主板向室外机供电后，电流为 0.1A；室外风机运行，电流为 0.4A；压缩机开始运行，电流开始上升，由 1A→2A→3A→4A→5A，电流为 5A 时压缩机停机，从压缩机开始运行到停机总共只有约 15s 的时间；查看红线 U 和白线 V 电压，压缩机未运行时电压为 0V，运行约 5s 时电压为交流 4V，运行约 15s 时电流为 5A，电压为交流 30V，模块板 CPU 检测到运行电流过大后，停止驱动模块，压缩机停机，并报故障代码为"模块故障"，此时室外风机一直运行。

4. 手摸二通阀温度和测量模块空载电压

在三通阀检修口接上压力表，此时显示静态压力约为 1.2MPa，约 3min 后 CPU 再次驱动模块，压缩机开始运行，系统压力直线下降，当压力降至 0.6MPa 时压缩机停机，见

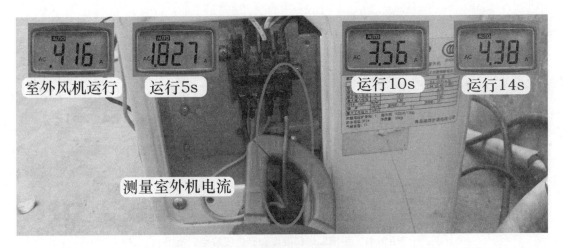

图 9-39　测量室外机运行电流

图 9-40　测量压缩机线圈运行电压

图 9-41 左图，此时手摸二通阀感觉其已经变凉，说明压缩机压缩部分正常（系统压力下降、二通阀变凉），为电机中线圈短路引起（测量线圈阻值相差 0.4Ω、室外机运行电流上升过快）。

试将压缩机 3 根引线拔掉，再次上电开机，室外风机运行，模块板 3 个指示灯同时闪，含义为正常升频无限频因素，模块板不再报"模块故障"，在室内机按遥控器上的"高效"键 4 次，显示屏显示"00"，含义为无故障，见图 9-41 右图，使用万用表交流电压档测量模块板 UV、UW、VW 电压均衡，开机 1min 后测量电压约为交流 160V，也说明模块输出正常，综合判断压缩机线圈短路损坏。

维修措施：见图 9-42，更换压缩机。压缩机型号为庆安 YZB-18R，工作频率为 30～120Hz，电压为交流 60～173V，使用 R22 制冷剂。铭牌上的英文"ROTARY IN-VERTER COMPRESSOR"含义为旋转式变频压缩机。更换压缩机后顶空加氟至 0.45MPa，模块板不再报"模块故障"的故障代码，压缩机一直运行，空调器制冷正常，故障排除。

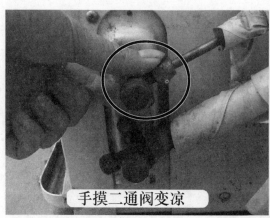

图 9-41　手摸二通阀温度和测量模块空载电压

图 9-42　压缩机实物外形和铭牌